はじめよう！トイプーぐらし

監修 西川文二
Can! Do! Pet Dog School

マンガ・イラスト 道雪 葵

西東社

トイ・プードルってどんな犬？

ぬいぐるみのような愛らしい容姿、
コロコロ変わる表情、
賢いから飼育がしやすい！

やんちゃで元気いっぱい！
カラーバリエーションが豊富でカットや洋服などいろいろなオシャレが楽しめる♪
とっても甘えん坊

社交的で頭脳明晰！
ほかの動物とも友好関係を
築きやすく協調性が高い犬。

そして、くるんとカールした
ふわふわの毛がチャーミング。

いつの時代も
人々を魅了する、

それが
トイ・プードルです。

トイ・プードルと
くらしたい！と
想いをはせる
すべての人へ、

この本では、
トイ・プードルの
かわいさや魅力、
育て方やつき合い方など
すべてを紹介します。

さあ、トイプーぐらしを始めましょう！

トイプーとの楽しいできごとや困ったこと、さまざまなできごとがかけがえのない大切なひとときです。

はじめまして、
マンガ家の道雪葵と申します。
トイ・プードルの飼育歴14年です。
今回、この本のガイドを
つとめさせていただきます。
トイ・プードルって
かわいくて賢いけれど、
わがままを覚えちゃうスピードも速くて
最初は振り回されてばかり…。
そんなトイ・プードルと
楽しい毎日を過ごすコツを
皆さまと一緒に学んでいきたいと思います。

クー　♂
甘え上手で
クールな性格
犬よりも人が好き

この本の監修をつとめます、JAHA認定
家庭犬しつけのインストラクターの
西川文二と申します。
私が心がけていることは、最新の
動物行動学に基づき、犬の気持ちに
より添いながら犬や飼い主に
しつけの仕方を教えることです。
現在の犬の飼い方やトレーニング方法の
常識は昔と比べて大きく変わっています。
ちなみに、私が家族として生活を共にした
トイ・プードルは3頭。
いずれも18歳と長生きでした。
トイ・プードルとその飼い主の皆様が
幸せな日々を送れるよう、本書ではベストな
しつけや飼育方法をご紹介いたします。

JAHA：公益社団法人　日本動物病院協会

Contents

① お迎えの前に トイプー飼いの心構え

② はじめがカンジン！ しつけと社会化

③ 楽しみながら！ トレーニング

④ ワンコの日課 散歩と遊び

5 健康維持&おしゃれ トイプーのケア

Column

6 めざせご長寿 健康管理

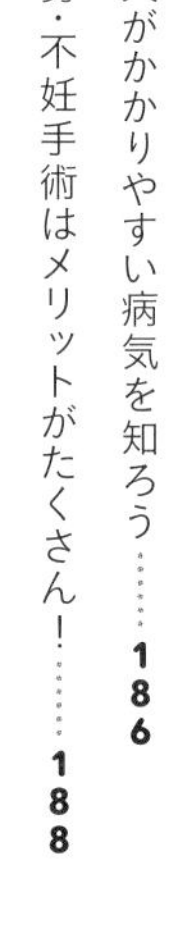

①

お迎えの前に

トイプー飼いの心構え

予備知識

トイプーは貴族が愛したセレブ犬!?

トイ・プードルが誕生した国はフランス
18世紀ごろにスタンダード・プードルを品種改良し小型化しました
そして上流階級の愛玩犬として人気を博しました

プードルカットは鳥猟犬だった時に生まれたよ

POLICE DOG!

スタンダード・プードルは犬の中でも知能が高いので

その血を引くトイ・プードルの賢さは別格といわれています

トイプーは
賢い犬だから
お利口さんで
飼育しやすいのかな
ちょっと
待った！
STOP
確かに
トイ・プードルは
家庭犬として
飼いやすいけど
賢いからこそ
正しいしつけを
教えないと
わがままな犬になる
こともあるんだよ

お、覚えがある…！
きらいなオヤツをかくして
別のオヤツをおねだり
…
キュ〜ン…
キャオッ
あざとくかわいい声でドアをあけてアピール

200年以上、人々を虜（とりこ）にし続ける超小型犬！

フランス貴族に人気だったトイ・プードル

ぬいぐるみのようにかわいらしい見た目がチャーミングなトイ・プードル。16世紀、フランス貴族の間で、スタンダード・プードルが大人気だったことが、トイプー誕生のきっかけ。ルイ16世が治世する18世紀、プードルを品種改良したことで、トイプーが誕生しました。

スタンダード・プードルの起源は不明瞭ですが、フランスで人気だったことから、フランス原産とされています。

トイプーは日本でも人気の犬種。その背景には、長きに渡る人間との共生の歴史が深く関わっています。

能力や性質をいかしていろんな現場で大活躍

スタンダード・プードルは、ボーダー・コリーについで知能が高い犬種です。また、頭がいいだけではなく、抜け毛や無駄吠えが少なく、優れた嗅覚と運動神経を持ち合わせています。そのため、昔から荷車引きや水猟犬、サーカスなどいろいろな役割で活動していました。

このスタンダード・プードルの性質が、現在のトイプーにもしっかりと受け継がれています。トイプーはペットとしてだけでなく、警察犬や介護施設のセラピー犬、災害救助犬など、現代でも幅広い分野で活躍している優秀な犬なのです。

✓ アレルギーでも一緒にくらせるかもしれない犬

「毛量が多い犬は抜け毛も多そう」、そんなイメージがありませんか。しかし、トイプーはもふもふした見た目に反して、意外にも抜け毛が少ないというギャップがあります。そのため、人間がアレルギーを起こしにくい犬種の筆頭ともされています。また、抜け毛だけではなく、犬独特のにおいが弱いこともアレルゲンが少ない理由のひとつです。これらの特性から、子どもがいる家庭や、犬の抜け毛などによるアレルギーを持っている人など、多くの人から注目されているのです。

トイプーのカラダ

目

目の形は切れ長でアーモンド型が理想。近年は、ボタン型の丸い形が人気傾向です。

耳

頭の形に沿って耳が垂れ下がっています。厚みもしっかりとあります。

被毛

被毛の構造は下毛が少なく、上毛のみのシングルコートで、抜け毛が少ないです。また毛色の種類も豊富です。

マズル

マズルは顔から鼻先にかけて伸びている部分。スッと長く伸びていると美形の証。

足

四肢はまっすぐと長く伸びていて、意外と筋肉質。特に後ろ足の筋肉が発達しています。

しっぽ

しっぽは上向きで、飾り毛が多いです。また、断尾がしてあるかいないかで、しっぽの長さには個体差があります。

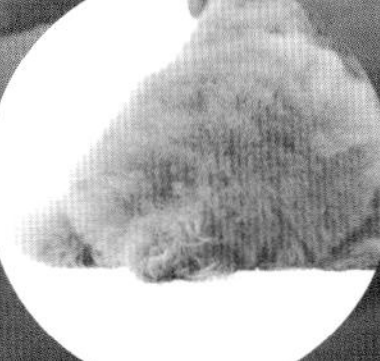

トイプーのココロ

もちろん個体差はありますが、基本的な性格や気質はこのようにいわれています。

知能がとても高く物覚えがいい

記憶力や学習能力が高いため、初心者でも飼いやすい！

温厚で協調性が高く明るくて好奇心旺盛

穏やかな性格で協調性が高いので人間やほかの動物になじみやすく、好奇心が旺盛です。

運動神経がよくお散歩が大好き！

運動能力が高く、水猟犬だったことから、水遊びが大好き！また、社交的な気質なので、お散歩も大好きです。

ムダ吠えが少ない

ムダ吠えをすることはほとんどありませんが、適切なしつけをしないと多く吠えることも。ムダ吠えに悩む飼い主さんは、しつけを見直しましょう。

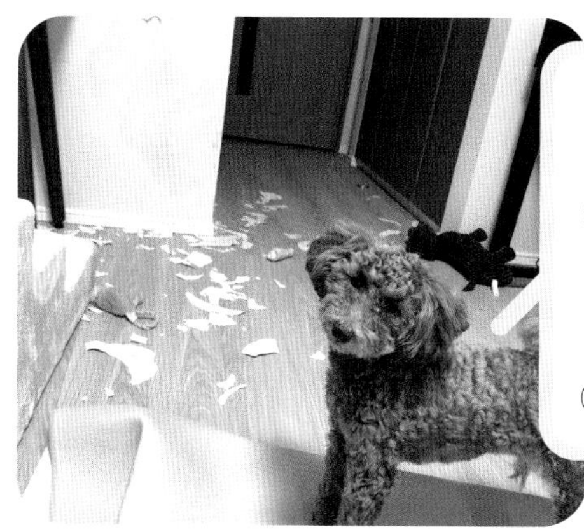

賢すぎるがゆえに神経質な一面も…

知能の高さから一度嫌な思いをするといつまでも覚えていることも。しつけでいいことや成功体験を積み重ねて、褒めてしつけましょう。

➔P.060 褒め上手な飼い主になろう！

✓ トイ・プードルの「トイ」って?

トイ・プードルの「トイ」とは「小さい」という意味。現在、JKC（ジャパンケンネルクラブ）ではプードルの仲間は、サイズに応じて4種類が公認されています。体高45〜60㎝のスタンダード・プードル、35〜45㎝のミディアム・プードル、28〜35㎝のミニチュア・プードル、そして、28㎝以下のトイ・プードルです。

トイプーは毛色の種類が豊富！

顔まわりや体全体に丸みを残したテディベアカットがよく似合う毛色。子犬のころに一番毛色が濃く、成長するにつれ薄くなっていくこともあります。

同じレッドでも色の濃淡のバラエティはさまざま

ブラウンのように濃いカラーから、アプリコットに近い薄めのカラーまで、毛色の濃淡に幅があります。

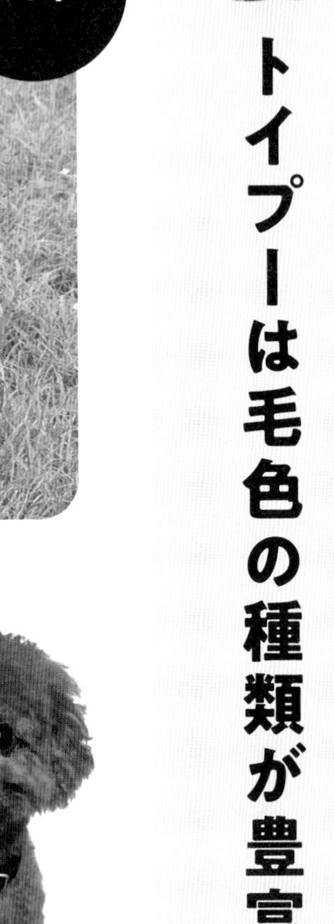

毛は多くも少なくもなく、適度に毛量があります。

サイズの小さい個体ほど毛の弾力性が少ないとされています。

子犬のような面影が残る！
それがアプリコット

淡いやさしいオレンジ色のアプリコットは、レッドにつぐ人気カラー。成犬になっても子犬のようなあどけない面影が残ります。

弾力性があまりない毛質で、細く絡まりやすいです。

毛量はレッドに比べると、少なめです。

成長とともに退色することもありますが、元から淡い毛色なので、退色前と後で差が出にくいです。

ブラック

ブラックのトイプーはホワイトやブラウンと並ぶ原種カラー。色素が濃いため、成長してもあまり退色しないといわれています。

毛のカラーだけではなく全身が黒色!?

毛色だけではなく、目のふち、鼻、口、爪などすべてが黒色という特徴があります。

毛量はトイプーの中でも多いといわれています。

毛質は被毛が硬めの個体が多いといわれています。

ブラックやホワイトなどの原種よりも歴史が浅く、新しい毛色です。成長とともに色素が退色すると、ホワイトに近い毛色になります。

希少とされているカラー。信頼できるショップからの購入がおすすめ。

日頃のお手入れでかわいい見た目を保とう

色が薄いため、涙の汚れが目立ちやすいです。また、毛が絡まりやすい傾向に。こまめに毎日お手入れすることが大切です。

ほかの個体と比べて毛量が少ない特徴があります。

毛質がやわらかく、毛が絡まりやすいといわれています。

ホワイト

ホワイトのトイプーも原種カラーです。さまざまなカットスタイルを楽しむことができます。

毛質は硬めで、カットがしやすいといわれています。

さまざまなカットが似合う純白で人気のあるカラー

体臭が弱い傾向にあり、純白で人気があります。目のふちや鼻、肉球などは黒色の特徴があります。

クリームのトイプーと同じく、毛量が少ない個体が多いです。

ブラックやホワイトと同じ原種カラー。退色するとカフェオレやクリーム系の色になることも。

全身チョコレート色の統一感がある毛色

ブラックとレッドの中間色のカラー。アイラインや鼻、パットのチョコレートブラウンカラーがチャームポイント。

毛色が濃いので、汚れが目立ちにくいです。

毛質が硬く、カールが強いといわれています。

かわいいだけでトイプーは飼えない

トイプーの迎え方はさまざま
ペットショップ、ブリーダー、里親などいくつかあります

うちのクーさんは犬嫌いだった私の反対を押し切って家族がペットショップから迎えました
犬好き党
IN
みんなは家族の同意を得てから飼おう!……☆

クーさんを迎える前は犬の飼い方の本を読んで勉強しサークルなど環境を整え
飼いはじめてからも困ったことは犬を飼っている人に相談しました

最初のころは大暴れして大変でした!
ペットシーツをビリビリにしたり…

お世話は
大変だったけれど、
犬とくらしていると
辛いことがあっても
笑顔になるし
散歩やドッグランなど
知らなかった
場所にも行けて
世界が広がりました
今ではもうすっかり
犬が大好きに！
犬の募金
SALE
するとペットの
生体販売の身勝手さ
について考えたり
保護団体に寄付したり
動物の幸せを願う
ようになりました

トイ・プードルの
平均寿命は
15歳

うちの
クーさんも
今や14さい

すっかり
おじいちゃん
です

最後まで
お世話できるか
状況や環境を
冷静に判断しましょう

トイプーを迎えよう!

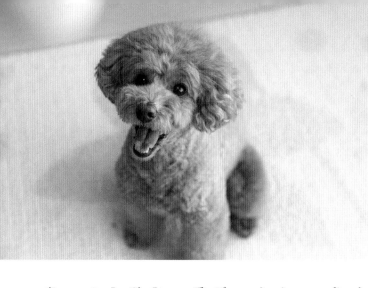

自分に合った条件で犬の迎え方を探そう!

子犬にするか、成犬にするか、どこから犬を迎え入れるかなど、人それぞれ迎え入れるための考えがあるでしょう。

犬を迎える方法は、ペットショップやブリーダーから購入する、里親から譲り受けるなどのケースがあります。

ペットショップやブリーダーからの購入は、犬の血統がはっきりしていることがメリットです。また、好きな時期に購入ができます。しかし、悪質業者もいるので注意してください。

里親とは、動物愛護センターや保健所などの保護施設から里子として引き取ることです。保護された犬は、一定期間は施設でくらしますが、飼い主が現れない場合は、殺処分されてしまうことも。こうした悲しい現実から犬を救うことができるのが里親のメリットです。しかし、成犬やさまざまな犬種が多いので子犬や決まった犬種がほしい場合は希望に沿わないことも。また、いろいろな境遇で育った犬がいるので、譲渡条件をクリアできないと迎えられないこともあります。

犬を迎え入れる前に、それぞれの選択肢について考えておきましょう。

うちのクーさんは
ペットショップで迎えたよ!
里親制度を知ってからは
別の選択肢もあったと
考えるようになったよ

迎え入れる方法

ペットショップ

ブリーダーや仲介業者から仕入れた子犬が販売されています。

販売先のチェックポイント

- きちんと清掃されているか
- 店員の知識は豊富か
- 売り込みが過剰ではないか
- 子犬同士で触れ合わせているか
- 生命保険制度が適用されているか
- 事前説明や血統書を書面でもらえるか
- 標識（登録証）が掲示されているか

ブリーダー

犬を交配、出産、繁殖させて市場に流通させる業者。個人経営と会社経営があり、繁殖頭数の規模もちがいます。

ブリーダーのチェックポイント

- 流行の犬種だけではなく、特定の犬種を繁殖させているか
- 質問に対し、的確に答えてくれるか
- 施設は衛生的か
- 子犬を手放す時期は早くないか
- ブリーディングの知識は豊富か

里親

動物愛護センター、保健所、各動物団体などから迎えることができます。

里親になるには？

年間※約7600頭の犬が殺処分されています。里親はこうした境遇の犬を救うことができます。しかし、純血統種よりも雑種、子犬よりも成犬が多い特徴があります。里親に出されている犬の中には、捨てられたり、虐待を受けたりして精神的な問題を抱えている犬も多いので、しつけの方法が変わり、打ち解けるまでに時間がかかることもあります。

※NPO法人キャットセイピア（2018年）

引き取るときの確認事項

フードの銘柄や食べる量

フードの銘柄、食欲、吐き戻したことがないかを確認しましょう。

混合ワクチン接種の確認

混合ワクチン接種の有無や接種の回数や、接種日を確認しましょう。

寄生虫検査の確認

犬の寄生虫は人にも感染します。検査の有無を確認しましょう。

体に異常がないかを確認

耳や目、皮膚、前足や後ろ足など体の状態が良好かを確認しましょう。

排泄の状態やトイレのしつけの確認

それまでの排泄パターンやトイレのしつけの有無を確認しましょう。

子犬の成長は早く、やることは多い！

誕生　　**0か月齢**　　**1か月齢**

社会化期

0か月齢

- 目が開いてない状態で生まれる
- 母乳を飲んで育つ
- 排泄が自力でできないため、母犬におしりをなめてもらい排泄する
- 2〜3週齢で目が開く

1か月齢

- 乳歯が生えて離乳食を食べられるようになる
- 自力で排泄できるようになる

✓ 社会化期とは？

3〜16週齢までを社会化期といいます。これは、自分の周囲の世界を認知しはじめ、さまざまな物事に初めて触れる時期のこと。この時期は警戒心よりも好奇心のほうが勝っているので、さまざまな物事に慣れさせるには最適です。社会化期が終わっても社会化は可能です。しかし、好奇心より警戒心が強くなる時期に突入するため、社会化に適していた時期より大変かもしれません。

✓ 子犬を購入できるころ

3か月齢　2か月齢

✓ 8〜9週齢で1回目の混合ワクチン接種

3か月齢

- 混合ワクチンが定着するまで、抱いての散歩や清潔な場所に下ろすなど散歩の準備をしておく

2か月齢

- 乳歯が生えそろい、乳離れする
- ドライフードが食べられるようになる

✓ 子犬のワクチンプログラムの流れ

混合ワクチン接種は感染症を防ぐために、子犬は3回打つ必要があります。ワクチン回数は、母犬からもらった移行抗体と関係しています。移行抗体が消える時期は個体によって差がありますが、早くて8週齢、遅くて14週齢とされています。この移行抗体が残っている間は、ワクチンを接種しても移行抗体の方が強いので免疫がつくられませんが、もし、抗体が消えていたら感染に無防備な時期ができてしまいます。そのため、8〜14週齢をカバーできるように3回打つことが推奨されています。

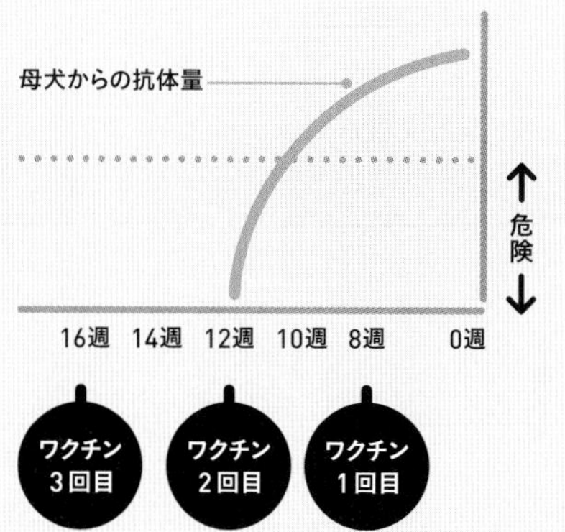

✓ 去勢・不妊手術

6か月齢

5か月齢

4か月齢

社会化期

✓ 生後91〜120日以内に狂犬病ワクチンと自治体への登録をする

✓ 社会化期がじょじょに終わる

3〜4か月齢

3〜4か月齢から乳歯が永久歯に生え変わる

混合ワクチンプログラムが終了したら外でのお散歩ができるよ!

✓ 狂犬病ワクチンと犬の登録は飼い主の義務

狂犬病ワクチンは生後91日以上の子犬と、その後の毎年の接種が義務づけられています。接種をすると「注射済証明書」が交付されます。この証明書を各市区町村の役場に提出し、畜犬登録をします。登録後に鑑札と注射済標が交付されるので、犬の首輪に装着することも義務のひとつです。

基本的に畜犬登録は生後120日以内に行うことが定められていますが、ワクチンのタイミングにより間に合わない場合は事前に各市区町村の担当窓口へ連絡をしておきましょう。登録は最初の1回のみで大丈夫ですが、引っ越した場合は移転先の市区町村へ届け出が必要です。

12か月齢 | 8か月齢 | 7か月齢

第2次性徴期

12か月齢

- 体ができあがる

8か月齢

- メスは発情期（ヒート）がくる（8～16か月齢）
- オスも生殖が可能になる

✓ 第2次性徴期は6～8か月齢でくる！

犬の第2次性徴期は、6～8か月齢ごろに訪れます。第2次性徴期がくると、人間と同様で肉体的・性的な成熟を迎えます。「うちの犬が急にいうことを聞かなくなった」としつけ教室に駆け込んでくる飼い主さんは、この月齢の犬が多いです。今まで叱りつけていた飼い主さんは、第2次性徴期で反抗され手に負えなくなることもあります。こうならないために、幼いときから適切なしつけを行うように心がけましょう。もし適切なしつけを行えていない場合でも、その時点からでも遅くありません。正しいしつけをはじめましょう！

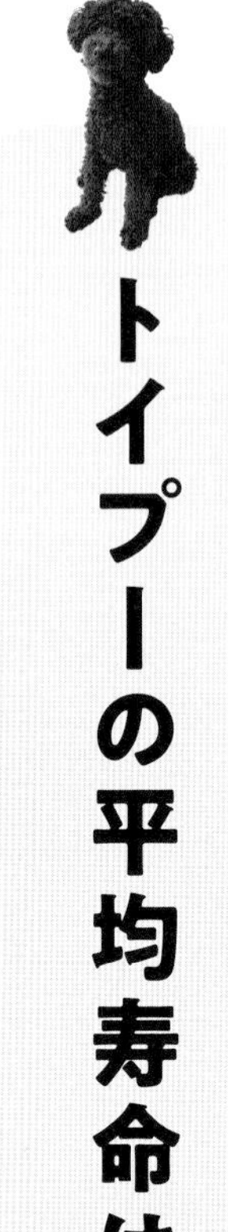

トイプーの平均寿命は15歳

最後まで愛犬の面倒をちゃんと見られるだろうか？

一般財団法人ペットフード協会の統計（2019年）によると、トイプーの平均寿命は15歳。人間同様、犬の平均寿命も医療や食べるものの向上により年々伸びています。なかには20歳を超えるトイプーもいるので、比較的長生きな犬種だとわかります。

もちろん、晩年は介護が必要となることもありますが、トイプーは小型犬なので、介護は楽な傾向にはあるようです。まだまだ犬の10歳は人間でいえば60歳。まだまだ元気なトイプーもいれば、体調を崩しているトイプーもいるでしょう。最後まで

きちんとお世話をまっとうするには飼い主である人間側の健康も重要です。

厚生労働省が2020年に発表したデータでは、日本人の平均寿命は男性が81・41歳、女性が87・45歳。単純計算で60代前半に子犬を飼いはじめてもギリギリ最期まで世話ができることになります。しかし、飼い主自身の体力の衰えも考えると、迎える時期に余裕をもって計画を立てたほうがよいでしょう。

年齢的に子犬を飼うことが難しければ、成犬を迎える手もあります。この場合、いざというときに備え、世話を頼める人を探しておき、犬には適切なしつけをしておくなどの対策が必須です。

かわいがるだけじゃなく愛情のある判断をすることも大切だね

トイプーの年齢を人間年齢に換算すると…

犬	1歳	2歳	3歳	4歳	5歳	6歳	7歳
人	17歳	24歳	29歳	34歳	39歳	43歳	47歳

8歳	9歳	10歳	11歳	12歳	13歳	14歳	15歳
51歳	55歳	59歳	63歳	67歳	71歳	75歳	79歳

上の表は、犬の研究者であるスタンレー・コレン氏の換算に本書監修の西川文二氏が改良を加えたものです。高齢期に入るのは11歳以降と考えるとよいでしょう。

✓ 健康寿命を伸ばす秘訣とポイント

愛犬とはいつまでもずっと一緒にくらしていたいものです。そのためには、体と心の健康のケアが大切です。

体の健康を保つには、食べるために大切な「歯」を維持することが必須です。そのためには、子犬のころから歯みがきに慣らし、ケアを心がけましょう。また、バランスのよい食事をとり、適度な運動も重要です。特に、フード選びは重要なので、愛犬の健康を考えて合うものを選びましょう。

また、心の健康を保つには、愛犬にとって楽しみがある日々を送ることです。飼い主さんとのスキンシップや散歩、室内などで遊ぶ時間、落ち着ける場所で静かに過ごす時間など、リラックスできる環境を整えてあげましょう。

トイプーを迎えるときの不安をQ&Aで解決!

Q よいブリーダーの見分け方は?

A 飼育環境を見学させてくれるブリーダーを選ぶ

よいブリーダーは見学をさせてくれることが多いです。母犬やきょうだい犬と過ごしている様子、清潔な場所で育てられているか、ブリードされている犬の健康状態がいいかをチェックしましょう。飼育環境の見学を断るブリーダーは問題を抱えている可能性があるので、避けたほうがいいでしょう。愛情をもっているブリーダーは、購入者の家族構成や飼育環境、飼育経験について質問してくることもあります。信頼関係ができれば、購入後の相談にものってくれるはずでしょう。念のため動物取扱業者登録があるかどうかも確認しましょう。業者一覧をHPで紹介している自治体もあります。

Q 動物保護団体からトイプーをもらうことはできる?

A トイプーの雑種犬の里親募集をしていることがある

保護団体などの施設では、トイプーの成犬や、近い雑種犬の里親を募集していることが多いです。犬の年齢や血統にこだわりがなければ、里親として立候補することもよいでしょう。里親を募集している犬は、虐待や飼育放棄などをされた経験がある成犬が多いです。子犬から飼育したいという希望や、はじめて犬を飼育する人にとっては、しつけのハードルが高いかもしれません。里親になるには、その団体が提示している譲渡条件への賛同や、担当者との数回の面接なども必要となります。

Q インターネットや通販でも購入できるって本当?

A ペットの通販は法律で禁止!違法悪徳業者に注意して

販売者は、飼育方法などを購入者に対面で説明する義務があります。ネットや電話のみでやりとりする通信販売は違法。そのような業者から購入した犬は、健康状態に問題があったり詐欺のケースもあります。

Q トイプーを飼うにはどれくらい費用がかかる？

A 初期費用のほかに最低でも月に1万円ほどは必要

トイプーの相場は、平均39万円前後です。相場はそのときの社会情勢や販売店、オスかメスかでも変わります。また、初年度は去勢・不妊手術費やグッズをそろえるなどで数十万円はかかると思っていいでしょう。ドッグフードやおやつなどの費用は月に合計4万8千円ほどかかります。フードの種類によってもかかる費用はさまざまです。また、平均寿命までにかかる獣医療費は、※186万円前後と高額です。手術になると数十万円単位でお金が発生するので、ペット保険への加入や、貯蓄、給餌や散歩など日々の健康管理をしっかり行いましょう。

※ペットフード協会統計（2020年）より

	項目	費用の目安	およその合計額
最初にかかる費用	混合ワクチン	16,000円（8,000円×2回）	およそ 55,500円〜
	健康診断	3,000円	
	狂犬病の予防接種	3,500円	
	畜犬登録	3,000円	
	お世話グッズ	30,000円	
毎年かかる費用	フード	36,000円	およそ 167,500〜／年
	おやつ	12,000円	
	トイレシーツ	12,000円	
	ケア用品など	6,000円	
	トリミング	80,000円（8,000円×10回）	
	混合ワクチン	8,000円	
	健康診断	4,000円	
	狂犬病予防接種	3,500円	
	フィラリア症などの予防薬	6,000円	
必要に応じてかかる費用	しつけ教室	5,000円（1回分）	
	去勢・不妊手術	オス：20,000円〜50,000円 メス：30,000円〜70,000円	
	病気・ケガの治療	症状によって費用が異なる	
	服	デザインによって費用が異なる	

※上記は犬全体での平均額です

Q マイクロチップが登録されていれば、迷子になっても見つかる？

A 必ずしも見つかるとは限らないので、脱走防止を心がけて！

マイクロチップの読み取り機がある施設に収容されると、飼い主さんを突きとめることができます。しかし、そういった場所に収容されない限り、マイクロチップは効力を発揮しないので、日ごろから脱走防止を心がけましょう。また、チップを入れているだけではダメ。データベースに飼い主情報を必ず登録する必要があります。

Q 初心者にはオスとメスのどちらがおすすめ？

A 去勢や不妊手術をすれば飼いやすさは同じ

第2次性徴期を迎えると、オスとメスで性差がはっきりしはじめます。異性に対する興味が強くなってくるので、ご褒美のフードを与えても異性への興味が勝り、発情行動が増えてしつけやトレーニングどころではなくなるなんてことも。飼い主からすると、問題行動を起こしているようにも見えるかもしれません。ともに生活を楽しめるような、理想的な家庭犬にしつけたい場合は、去勢や不妊手術をすることをおすすめします。

➔P.188 去勢・不妊手術はメリットがたくさん！

Q 一人ぐらしや共働きでも飼うことはできる？

A トイレのしつけや社会化ができれば飼うことはできる

一人ぐらしや共働きの家庭でも、犬と上手にぐらしている飼い主さんはいます。ただし、留守番をできるようにするには、トイレのしつけや社会化を子犬のうちにしっかり教えておく必要があります。子犬を迎える日を含めて、最低3日間は仕事を休んで、トイレのしつけにみっちりつき合いたいものです。その後も、犬の保育園やしつけ教室、ペットシッターを活用し、しつけや社会化を重ねていくことが大切です。とくに4か月齢までの社会化期は有効に活用したいもの。これをうまく活用すると、困ることなく犬と楽しくくらすことができます。

Q 室内が犬臭くなったり、抜け毛で汚れたりする？

A トイプーはほかの犬種に比べてにおいや抜け毛は少ない

トイプーは「シングルコート」といって、2種類ある被毛のアンダーコートが少ないので、ほかの犬種に比べ、においや抜け毛が少ないです。しかし、これは定期的に手入れをしていればの話。例えば、定期的なシャンプーを怠ると、いくらにおいが少ない犬種であっても雑菌が繁殖し、においがきつくなることも。特に、トイプーは耳が垂れているので、耳に汚れや雑菌が溜まりやすいです。また、抜け毛も少ないので、家の中が汚れにくいです。ただし、毎日のブラッシングを怠ると、毛玉ができ、ふわふわな毛並みが維持できなくなるので、日々のケアはしっかり行いましょう。

Q 被毛の色がだんだん減退してくるって本当？

A 被毛の退色の時期には個体差がある

被毛の退色は遺伝の影響によって起きるとされていわれていますが、詳しい原因はわかりません。栄養不足やストレスが原因で退色している場合は、フードの見直しや、ストレスの原因を取り除くことで予防ができます。中には、子犬のころは真っ黒でも、成長とともに毛色が変化するシルバーなど、特殊なトイプーもいます。基本的に一度退色すると元の色には戻りません。体色は薄くなったり濃くなったりをくり返して、色が少しずつ薄くなります。また、年齢を重ねるとともに退色することは自然なので、過度に心配する必要はありません。自然な退色は個性として考え、同じように愛情をもって接することが大切です。

Q 飼育で困ったことがあったら誰に相談すればいい？

A 購入先や動物保護団体、かかりつけの動物病院に相談する

しつけやトレーニング、問題行動など、飼育に関する悩みは購入先や、引き取った動物保護団体などに相談しましょう。犬の生後間もないころや、飼い主さんに引き取られるまでの過ごし方を知っているので、お互いの信頼関係ができていれば親身に悩みを聞いてくれます。また、しつけ教室を見つけて通うことも大切です。外的傷害や問題のあるしぐさを発見したときには、動物病院を受診しましょう。動物病院でも飼育方法に関する相談にのってくれるところも多いです。そういった病院をかかりつけにしておくと安心できます。

Q ほかのペットがいる場合や、先住犬がいる場合の注意点は？

A 動物の種類によっては同じ部屋では飼えないこともある

トイプーは比較的協調性の高い犬種なので、大人の猫やトイプー同士、ほかの犬種などと、対面させるタイミングや、それぞれのスペースをきちんと確保できれば、一緒にくらすこともできます。しかし、ハムスターや鳥など、犬にとって獲物になる可能性のある小動物と同じスペースで飼育するのには注意が必要です。また、神経質な生き物との相性はよくないです。ちがう種類の生き物を育てたい場合、その生き物から犬が見えないように別室での飼育、または飼育スペースに目隠しをするなど、特別な対策が必要になります。

犬を迎える前に、飼育グッズをそろえよう！

ハウス

クレート（プラスチック製キャリーバッグ）

プラスチック製のボックスタイプのものを用意。広すぎると中で粗相をすることもあるので、体の向きを変えられる余裕があるサイズを選びましょう。

サークル

サークル内にトイレシーツを敷き、トイレの部屋として使用。成犬になっても使えるように、ある程度大きさがあるものを用意しましょう。

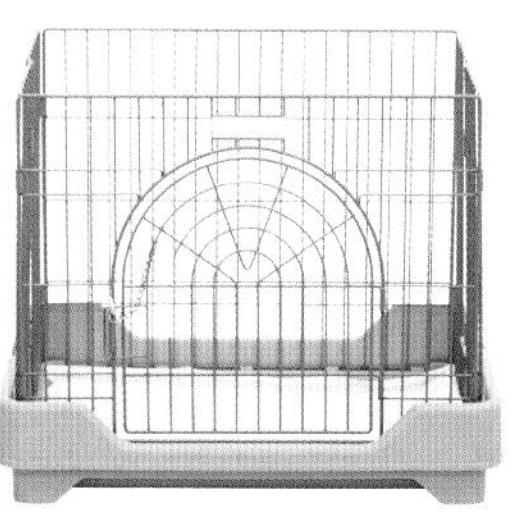

ベッド

トイレのしつけをマスターさせたら、犬専用のスペースとしてベッドを配置することがおすすめ。

お互いに生活しやすいレイアウトをつくろう！

グッズをそろえる前に、まずは、現状の部屋のレイアウトを見直しましょう。トイプーは運動神経がいい犬種ですが、四肢の骨は華奢で弱く、高所からの飛び降りにより、脱臼や骨折などのケガを起こしやすい傾向にあります。高さのある家具を配置しない、犬が乗ってもいい場所に階段を設置するなど、レイアウトの工夫をしましょう。また、フローリングは滑りやすいので、マットを敷くことも重要です。こうした環境を整えてから、飼育に必要なグッズをそろえることをおすすめします。

トイレ用品

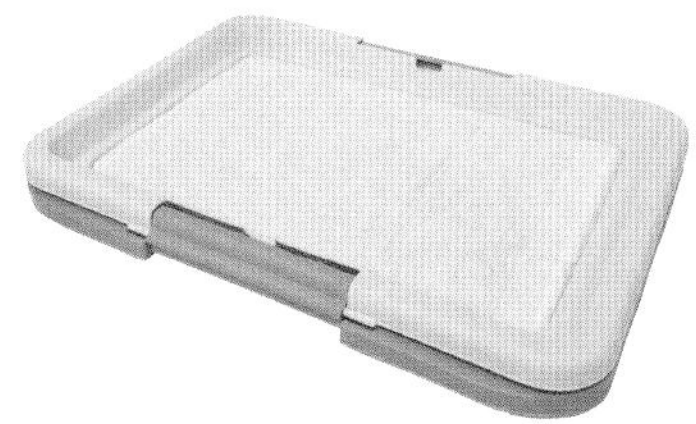

トイレトレー

成犬になってもはみ出ないサイズを選びましょう。用意はあとからでOK。トレー付きサークルの場合は、用意する必要はありません。

トイレシーツ

トイレシーツは、多めに用意しましょう。シーツはさまざまな種類があるので、犬の好みに合わせて選びましょう。

除菌消臭剤

においを消す除菌剤は必須アイテムです。トイレ以外の場所で粗相をするとにおいが残り、同じ場所で粗相をしてしまいしがちになります。

事前に準備しておくものと後からそろえるものを知ろう

子犬を自宅に連れ帰った瞬間から快適なくらしを実現するために、次のグッズは事前に用意しておきましょう。

- ケージやサークル
- キャリーバッグやクレート
- 除菌消臭剤
- 噛みつき防止スプレー
- フード（総合栄養食とおやつ）
- フード皿、水を入れる皿
- フードポーチとコング
- トイレットシーツ
- おもちゃ
- 首輪とリード
- ケア用品（ブラシ、爪切り、歯磨き用品）
- ベッド

これらの用品の中でケア用品やベッドは、触られることや生活環境に慣れてから用意してもいいでしょう。

フード関連

ドッグフード

犬を迎えてからしばらくは、今まで食べていたものと同じフードを与えましょう。成長に合わせてじょじょに与えるフードを切り替えて。

➔P.044 ドッグフードは主食となる「総合栄養食」を選ぼう！

ガム・アキレス

長時間楽しめるかたいおやつは、留守番のときに最適。噛み応えがあるので、歯の生え変わりの時期に与えるのも◎。

ペット用チーズ

塩分濃度がペット用に考えられたチーズ。コングの中に塗って、しつけやおやつで与えるのに最適です。

フード皿・水皿

耳がフード皿に入らないように、皿の口がすぼまっているものがおすすめ。傷がつきにくく、洗いやすいステンレス製や陶器製を選びましょう。

フードポーチ

しつけやトレーニングのときに、ご褒美のフードをすばやく与えるために飼い主の体に装着しておくポーチ。

➔P.061 フードの取り出し方

コング

噛んでも壊れにくい、ゴム製のおもちゃ。中にフードやチーズを塗って与えます。しつけやトレーニングに最適。

➔P.061 コングの使い方

POINT

フードは手で与えよう！

本書では、トレーニングの時間＝食事の時間と犬に認識してもらうために、しつけやトレーニングのご褒美として、フードは手から与えることをおすすめします。フード皿から与えるよりも、飼い主さんと犬の信頼感や親密性が増します。そして、フードは全量を手から与えれば、フード皿は必要としません。

その他

首輪

大小2本のループで構成された指がかけやすいプレミア・カラーがおすすめ。犬のホールドもできて安心。

➔P.096 首輪の慣らし方

リード

長さ1.6m〜1.8mのナイロン製の軽いリードを選びましょう。伸縮リードは普段使いには向きません。

➔P.097 リードの持ち方

おもちゃ

ぬいぐるみやロープ、ボールなどの犬用おもちゃ。誤飲防止のため犬の口に収まらない大きさのものを選びましょう。

噛みつき防止スプレー

噛むと嫌な味のする、しつけ専用のスプレー。犬に噛んでほしくないところにふりまくと効果的です。

爪切り

スリッカーブラシ

お手入れ用品は触られることに慣れてから用意しよう！

お手入れ用品

ブラシ、爪切り、歯みがき用品など健康維持に必須。

➔P.150 体のケア用品に慣らそう！

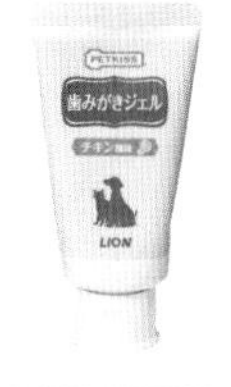

歯みがき用品

コーム

ドッグフードは主食となる「総合栄養食」を選ぼう！

基本的には総合栄養食だけ与えていればＯＫ！

昔と比べるとドッグフードの種類は格段に増えました。それだけにどれを選んでいいかわからない飼い主さんも多いでしょう。

大前提として、主食には「総合栄養食」のフードを選んでください。ドッグフードは、主食に適した「総合栄養食」と、それ以外の「一般食」「副食」「おやつ」に分類されます。これらはフードのパッケージに記載があります。基本的には主食の「総合栄養食」以外のものは特に与えなくてかまいません。

総合栄養食以外は人間でいえばケーキのようなもの。おいしいけれど栄養に偏りがあります。犬は好んで食べますが、トレーニングに使う犬用チーズは、特別なときに少量与えるのみにしましょう。

1日に必要な食事量を回数を分けて手から与える

年齢・体重・活動量などによって必要なフード量は変わります。与える量の目安は、フードのパッケージに記載されていますが、定期的に体重を測定し、かかりつけの獣医師と相談したうえで決めましょう。おやつを与える場合は、1日の必要カロリーの10％以内にとどめ、さらにそのカロリー分を主食から減らさないと、カロリーオーバーになるだけでな

総合栄養食

メーカー

年齢

機能

ドッグフードを選ぶ基準

ドッグフードを選ぶときに「毛玉ケア」「毛ヅヤアップ」などの機能性の文句に目がいきますが、これはプラスアルファの要素。それよりも獣医師推奨など信頼できるメーカーや、犬の年齢に合ったフードを選択することが大切です。

ドライフード

✓腐りにくく、長期保存に適している
✓重量当たりのカロリーが高い
✓種類が豊富
✓歯垢がつきづらい

く、栄養バランスが崩れるので注意してください。

また、P.42で述べた通り、しつけのご褒美としてドライフードは手から与える方法を推奨します。信頼感が深まるだけではなく、フードの数だけしつけやトレーニングができます。1日の食事回数は最低でも3回、多ければ6回（3時間おき）行い、その都度トレーニングをしましょう。すると「食事の時間＝トレーニング」という認識を持ちます。1日に6回も食事をさせるのは多いと感じるかもしれません。しかし、同じ量をいっきに与えるよりも、時間を一定に保ち、小分けにして与えたほうが胃腸の負担が少なく、肥満防止にもつながります。

知ってる？ 犬に与えてはいけない食べ物

手づくりフードを犬に与える人もいますが、知識がないまま手づくりすることは危険。人の食べ物の中には、犬が食べると中毒を起こし、最悪の場合、死に至るものもあります。摂取してもいい食材でも、犬によってはアレルギーを起こすことも。また、人の食事をそのまま犬に与えると、濃い味に慣れ、ドッグフードを食べなくなることもあります。また、心臓や腎臓を痛める原因にもつながります。

✕ ネギ類（タマネギ、長ネギ、ニラ、ニンニク）
✕ チョコレート
✕ 生レバー
✕ 生卵
✕ ブドウ
✕ ホウレン草
✕ 生肉 など

犬とくらすための部屋づくり

ドアの開けっぱなしには
ドアストッパーをする

ドアは犬がケガをする原因になることがあるので、開けておくときはドアストッパーを忘れずに！

脚が高すぎない
家具を選ぶ

膝関節が弱いので、家具は脚が低いものを選びましょう。犬用の階段を設置してもOK。

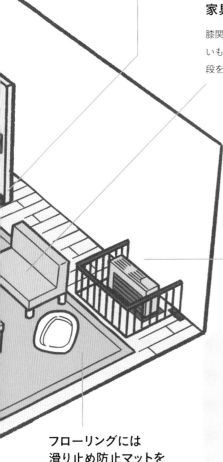

ストーブは柵で囲う

近づいてやけどを負わないように、柵で囲いましょう。余分なサークルを利用することもおすすめ。

フローリングには
滑り止め防止マットを

フローリングは足腰を痛めやすいので、カーペットやコルクマットを敷き、滑り止め対策を。

配置に気をつけるものの例

電気コード

観葉植物

たばこ・灰皿

アクセサリー・小物など

寝床はエアコンが直接当たらない場所に

睡眠場所がエアコンの真下だと、体調不良やストレスの原因に。寝床の配置場所には注意しましょう。

適度な気温と湿度

夏	温度：26〜28℃ 湿度：50%
冬	温度：25〜27℃ 湿度：50%

玄関や部屋の扉などの出入口には柵を設置する

危険な場所の出入口に、柵を設置すると脱走防止に。人間用のベビーガードでも代用OK。

余計なものは出さない

子犬は好奇心旺盛。人間の薬などは誤飲すると命に関わるので、片付けを徹底しましょう。

サークルやクレートは部屋の隅に配置

サークルやクレートは、エアコンの風や直射日光が当たらない場所を選び、部屋の隅に配置します。

頭がいいので飼いやすいです。彼氏とケンカをしたときも、空気を察して癒してくれます。

ゆいさん

もこもこふわふわでとにかく可愛い！

感情表現が豊かで人懐っこい

飼い主さんに聞いた！

トイプーの魅力とは？

飼い主がとにかく大好き！そんな人懐っこい性格が愛くるしいです。カットによっていろんな新しい顔が見れて楽しいです。

MOGママさん

一緒にいると毎日が充実して楽しい

においも少なく、アレルギーがあっても飼いやすいです。子どもの相手をしているみたいで、毎日笑いが絶えず楽しく過ごせます。

くれもこあ5兄弟さん

愛嬌があり、感情表現も豊かなので、意思疎通ができます。個体で性格もちがうので、見ていておもしろいです。

ともさん

飼い主である私ばかりを見ているのか、お風呂やトイレまでついてきます。必ずといっていいほど、振り返るとそこにいます。

シュシュママさん

賢くて飼育がしやすく
飼い主に従順！

家族にたくさんの
愛情を見せてくれる

帰宅すると誰よりも先に飛んできて、最大級のお迎えをしてくれます。また、賢くかわいいだけでなく、一緒にいるだけで家族に笑いが絶えません。

Junaさん

カットや服のコーディネートの幅が広い

季節に応じてカットや服を変えたおしゃれや、いろんな表情が楽しめます。

tomoさん

つぶらな瞳で見つめられると、嫌なことがあっても忘れられ、「この子のために仕事頑張ろう！」とモチベーションが上がります。

しずえみさん

顔がかわいい！

めったに吠えたり噛んだりせず、穏やかな性格で人懐っこく愛嬌があります。

あんころさん

いろんな人とうまく接することができる

家族の会話が増え家庭が明るくなる

家族の会話をよく聞いているようで、「お散歩」や「おやつ」などの言葉がでると、近くにきてオスワリをして待ってます。

ゆいりんさん

学習能力が高い

帰宅するとジャンプしながら出迎えてくれ、仕事で疲れていても癒されます。

ゆうこさん

私にとって絶大な癒し

よく話を聞いてくれ、とてもお利口です。どんなときも全力で愛情表現をしてくれて、辛いことも忘れさせてくれます！

jun_komtanさん

毛が抜けにくい

私は動物アレルギーですが、トイプーは毛が抜けにくいのでアレルギー反応を起こすことなく飼うことができます。

Miyuさん

短いしっぽを一生懸命振って、そばによってくる姿がかわいいです。また、カットがいろいろ楽しめるところもいいなと思います。

トイプー大好きさん

活発で社交的!

似合う洋服が多く
おしゃれを楽しめる

服を着ることが大好きなようで、私がつくった服をしっぽを振りながら自分から頭を突っ込んで着てくれます。

mizuさん

愛嬌があって
天真爛漫な性格

社交的な性格なので、とにかく一緒に出かけることが楽しいです！

シェリママさん

子どもが反抗期のときに迎えました。この子が来てから、子どもが精神的に安定し、反抗期がおさまりました。

ちゃいままさん

ぬいぐるみの
ようにかわいい!

トイプーあるあるマンガ① 吉田さんとバニラさん

バニラさんが反応する魔法のコトバ

バニラさんのお出迎え

②

はじめがカンジン！

しつけと社会化

しつけは褒めて伸ばすがポイント！

昔の犬のしつけは
体罰がアリだった
って知ってる？
え？

咬まれたら
口に拳を
突っ込んだり
叩くなど…
犬がされたら嫌がる
ような体罰を与えて
やってはいけない
ことを理解させようと
してたんだ
コラッ

オオカミの習性と称して
首根っこをつかんで
持ち上げるなんてのも
あったかな
ひえ〜〜っ！
ブルブル

罰を与えると攻撃性が高くなったり
飼い主を怖がったり
ギャンギャン
やってはいけないことを隠れてするようになるよ
クンクン
そんな関係はお互い辛くて悲しいなぁ…
ん？
ス…
こっち来ようね
おやつ
よしよしいい子だね～
犬のしつけはおやつをあげたり褒めたりして人間がしてほしいことを覚えてもらうことがポイントだよ！
どやっ
これなら良好な関係が築けるね

学ばせたいことは体験させよう！

してほしいことをコトバの合図で学ばせよう

当然ですが、犬は言葉を理解できません。「でも、オスワリといったら座るよね」と思うかもしれませんが、それは単なる合図として覚えただけ。極端な話、「立て」という合図でもオスワリは覚えます。

ですから、犬に「こうしてね」や「これはしちゃダメ」といっても効果はゼロ。してほしいことは体験させて、してほしくないことは体験させない工夫が必要。イタズラを体験させるのは、イタズラを学ばせているのと同じなのです。

学ばせたいことを体験させる

POINT

合図として決まったコトバをかける

排泄のときに、決まったコトバをかけると、その合図で排泄するようになります。盲導犬のしつけのコトバでよく使われるのは、「ワン・ツー」です。ワンはオシッコ、ツーはウンチを意味します。

トイレシーツで排泄をする

学ばせたいこと、してほしいことは、その行動をするように飼い主が誘導して、褒めて伸ばしましょう。「褒める＝いいことが起こる」と犬が認識できればそれをたくさんするようになります。

ガムを噛ませたり、決まったおもちゃで遊ぶ

犬には本能的に「なにかを噛みたい」欲求があります。特に、離乳してから永久歯が生えそろう、7〜8か月齢までの時期はその欲求が強いです。この時期に噛んでいいものを噛む癖をつけさせて。

罰を与えるしつけは百害あって一利なし

イタズラを現行犯で見つけて叱っても無意味です。叱られることで、犬は「マズイことが起きた」とは思っても、なぜそれをしてはいけないのかを理解することはできません。その行動は直らないか、隠れてするようになるだけです。

さらに、叱るなどの「罰を与えてしつける方法」は弊害があることもわかっています。罰を与え続けられてきた動物は、その環境から逃げ出そうとしたり、攻撃性を高めたり、無気力になることが、ある実験でわかっています。それはあなたが望む生活ではないはず。犬に罰を与えることは害になるだけで、お互いのためになることはひとつもないのです。

学ばせたくないことは体験しないように工夫する

カーペットで排泄

排泄は犬にとって気持ちがよいことなので、この気持ちよさを体験してしまうと、犬は場所を覚えて、くり返すように。本書で紹介するトイレ・トレーニングで失敗しないようにしましょう。

かじってほしくないものをかじる

かじってほしくないものには、噛みつき防止スプレーの塗布や、アクリル板や保護シートを貼ってガードするなどの対策をしておきましょう。事前に対策してけば、この行動を予防できます。

盗み食いする

食べ物を犬の行動範囲に放置しておくことは、おいしいものがあると教えていることと同じ。食べ物は出したら必ず片づけて、盗み食いの体験をさせないようにしましょう。

POINT

好ましくない行動はストップを

叱らないからといって、好ましくない行動を放ってはおけません。犬は体験から学ぶので、放っておくことは学ばせていることと同義になります。好ましくない行動はその場でやめさせ、そして、同じことが起きないように、事前の対策を施しましょう。

犬の学習パターンを把握しよう！

飼い主がしてほしいことを褒めて教えよう！

難しく考える必要はありません。人間の子どもだって、褒められるとまたやろうと思いますし、怖い思いをした場所には近づかなくなりますよね。これは犬も同じ思考回路です。

下の表のうち、してほしいことにはAパターンを使います。すなわち「褒めてしつける」。してほしいことを教えるときは、はじめはフードを必ず与えましょう。してほしくないことを叱って行動のパターンを減らす方法はBパターンですが、P.57でも述べた通り、デメリットが多いので、基本的に使いません。

犬の学習 PATTERN

いいこと

A いいことが起きるとその行動は増える

してほしいことをしたときは、フードを与え、コトバでも褒めると、その行動が増えます。

例 トイレシーツで排泄したら褒められた
↓
トイレのしつけができる

嫌なこと

B 嫌なことが起きるとその行動は減る

天罰が下ったかのように見せる方法。噛みつき防止スプレーがそれにあたります。

例 かじったら苦かった
↓
かじらなくなる

C いいことがなくなるとその行動は減る

わがまま吠えにこたえていたら、ますます吠えるように。わがまま吠えは無視しましょう。

例 フードほしさに吠えたが無視された
↓
あまり吠えなくなる

D 嫌なことがなくなるとその行動は増える

犬の許容範囲を広げる工夫が重要。ただし、咬みつくまで行うのはやりすぎなので注意。

例 嫌だったから手を咬んだらやめてくれた
↓
くり返し咬むようになる

しつけ本を参考にするなら新しくて正しい情報のものを

1990年代には「アルファ・シンドローム」という考え方が、犬のしつけにおいて信じられていました。これは、「犬が飼い主に服従しないのは、飼い主がリーダーになりきれていないから」というもの。犬のしつけ本にも、これを元にしたことが書かれていました。いまではこの考え方は否定されています。ただし、正しい情報とまちがった情報が混在していることもあります。オキシトシンの話が出てくるもの、リーダー論・服従・忠誠心などのワードが出てこないものであれば参考にしてOK。そうでないものは参考にしないほうがいいでしょう。

正しいと勘違いされていたNGなしつけ

粗相をしたら体罰を与える

いけないことをしたらハウスに閉じ込める

噛まれたら拳を突っ込み返す

首根っこをつかむ

してほしくないことをしたら叱りつける

マズルをつかみ恐怖心を与える

褒め上手な飼い主になろう！

フードは褒めるときの〝いいこと〟アイテム

褒めることはすなわち、犬にとって「いいこと」を起こすことです。どんな犬にとっても「いいこと」で誰からも提供可能なのはフードです。

犬をなでたり、コトバで褒めることも「いいこと」ですが、信頼関係ができていないときには通用しません。好きでもない相手から触られたり声をかけられたりしても嬉しいとは感じませんよね。フードを与えるときに声をかけたりなでたりすることで、これらも「いいこと」のひとつとして覚えさせる必要があります。

褒め方のバリエーション

1 褒めコトバ＋フード＋なでる
（褒め上手３点セット）

2 褒めコトバ＋フード

3 フード＋なでる

4 フードのみ

5 褒めコトバ＋なでる

6 褒めコトバのみ

7 なでるのみ

はじめは毎回フードありで褒めます。少しずつフードを減らしていき、褒める機会を増やして、フードなしでもいうことをきく犬にしましょう。

褒めコトバをかける

フードを与える前に決まったコトバで合図すると、「いいこと」として覚えます。やがてそのコトバだけでいうことを聞くようになります。

（褒めコトバの例）
「Good」「おりこう」「天才」など

フードを与える

フードポーチからフードを取り出し、犬に差し出して食べさせます。

フードを与えながらなでる

フードを与えていないほうの手で犬をなでます。なでる場所は、胸や肩がおすすめ。はじめのうちは頭をなでると警戒されるので注意。

フードの取り出し方

1 ポーチを装着する

ズボンやベルトにフックで取りつけられます。犬に見えないように背中側に取りつけます。ポーチの開閉音が出るものは避けましょう。

2 音を立てずにフードを取る

極力音を立てずにフードを取りだします。また、ポーチが汚れるのは気にせず、フードは直接ポーチに入れましょう。

フードの持ち方

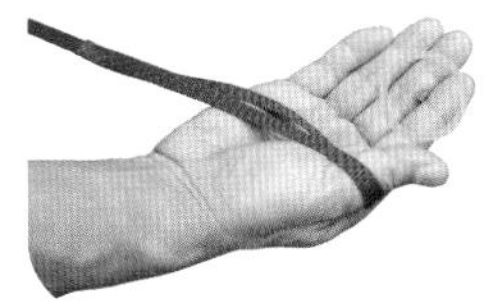

1 指と指の間にのせる

ひと指と中指の間の第1〜2関節にのせます。小さいフードは中指と薬指にのせましょう。

2 グーに近い形で握り込む

フードを包むように握り、握った手を犬の鼻先に近づけ、においで犬を誘導します。

コングの使い方

1 チーズやフードを指にとる

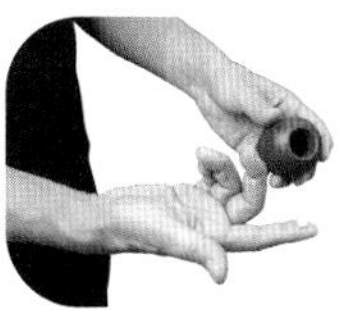

犬用のチーズや、ドライフードをふやかしたものを指に取ります。

2 コングの中に塗り込む

指をコングに入れ、手前にフードを塗り込みます。

コングを与えている間に体の手入れができる

フードをなめきるには時間がかかります。その間にブラッシングやリードの装着が可能。

トイレのしつけ

秘けつを知ってトイレ問題解決！

ちょろろろ…
クーさんも
今は上手にトイレが
できるようになった
けど……

子犬のころは
ペットシーツを
ビリビリにしたり
犬用ベッドのほうに
オシッコしちゃったり
大変だったなぁ
ちゃんとペットショップの
店員さんに教わった
サークル内の配置に
したのに…

オシッコしてほしく
ない場所に
犬が苦手なにおいの
スプレーをかけて
みたけど
ニガテな
ニオイ？
ボクには効か
ないもんね
ガン無視で
オシッコ
しちゃうし…
ちゃんとできるように
なるまですごく
時間がかかったなぁ

コソ。。
ベッドの隣に
トイレ…
その
サークル内の
配置は
間違っているよ

ガラァ
おじゃまします！
僕の教える方法でやればそこまで苦労しないよ！
うわぁ!?
ちーー。。
トイレのトレーニングは子犬の場合早ければ3日
平均でも1週間でほぼ習得、1カ月で完璧にできるんだ
そんなにすぐ覚えられるの!?

トイレ・トレーニング成功の秘けつは初回のトイレを成功させること
メモメモ…
NEXTページ
詳しくは次のページで紹介するよ！
あとは成功体験の積み重ねだよ！
上手にできたね！
ドヤッ
クーさんはもうおじいちゃんだけど
今も成功したらたまに褒めてあげるようにしています

トイレ・トレーニングはスタートがカギ！

はじめの1週間がんばればあとがグンっと楽になる

　犬との生活で、欠かせないのがトイレ・トレーニング。ここでは、盲導犬候補の子犬に教える方法のひとつを紹介します。この方法であれば、粗相をすることはほとんどありませんが、はじめは、3時間ごとに付き合ってあげる期間が必要。最初は大変ですが、早ければ3日、平均でも1週間でほぼトイレを覚えます。そして、ひと月で完璧にマスターします。このスタート期間を乗り越えれば、あとがグンっと楽に。もし、3時間ごとに付き合えない場合は、ペットシッターを利用することをおすすめします。

我が家での初回のトイレを成功させる

　犬を迎えるには、クレートに入れて連れ帰ります。その際、必ず犬の最後の排泄時間を先方に確かめましょう。

　家に到着しても、すぐにクレートから出してはいけません。これをすると、室内に粗相をされてしまうことが多いです。帰宅後はすぐにクレートから出さず、前回の排泄からおしっこが溜まったころと想定される、2.5～3時間後にクレートから出しましょう。そして、トイレシーツを敷き詰めたサークルに移して排泄させ、我が家で最初のトイレ体験を成功させましょう。

クレートとサークルを使い分ける

クレート

クレートは犬にとって落ち着ける巣穴のような場所。巣穴と同じ役割を持つクレート内では基本的に排泄をすることはありません。

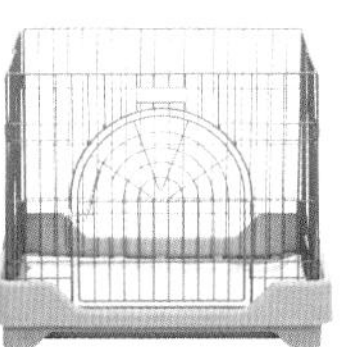

サークル

はじめは、サークル内にトイレシートを敷き詰め、トイレ・トレーニングをします。サークルとクレートの役割を分けるといいでしょう。

トレーニングのサイクル

運動させたらクレートへ戻す

3時間のうち、2時間半は睡眠、30分を活動時間にあてるのがサイクルの目安。活動時間が終了したらクレートへ入れて休ませましょう。

START

子犬はよく眠る

2か月齢なら1日の5/6、3か月齢なら4/5は眠ります。睡眠中は、リラックスできるクレートに入れてあげましょう。

眠る
@クレート

起きる

排泄
@サークル

おもちゃ遊び
トレーニングなど
@リビング

運動
@リビング

疲れる

リビングに出す間は目を離さず見守る

部屋の中を探検させてもいいが、排泄のサイン（ソワソワする、床のにおいを嗅ぐ）を見せたらすぐにサークルへ。イタズラも体験させないように注意して見守りましょう。

トレーニングのご褒美フードを与える

サークルから出して触れ合います。このときに、遊びや社会化トレーニングも行いましょう。ご褒美としてフードをあげることも忘れずに！

前回の排泄から3時間後にクレートから出して排泄させる

トイレ・トレーニングは3時間で1サイクルが基本。オシッコを我慢できる時間の基準は「月齢+1時間」なので、2か月齢なら3時間です。

トイレ・トレーニングSTEP1

サークルの隣にクレートを置く

トイレの時間になったらすぐにサークルへ移動できるように、隣に設置します。

クレート内にはトイレシーツは敷かない

シーツで排泄の習慣をつけさせるので、クレート内にシーツは敷かないで。

サークルとクレートの配置の仕方

サークル内にはトイレシーツを敷き詰める

はじめは「サークル＝トイレ」。サークルにトイレシーツを敷き詰めます。

クレート内は暗くする

視覚的な刺激を与えないように、クレートに布をかけて暗くしましょう。

1 排泄の時間になったらサークルに入れる

前回の排泄から3時間経過したら、犬をサークルへ入れます。オシッコが溜まっていたら、犬はすぐに排泄をします。

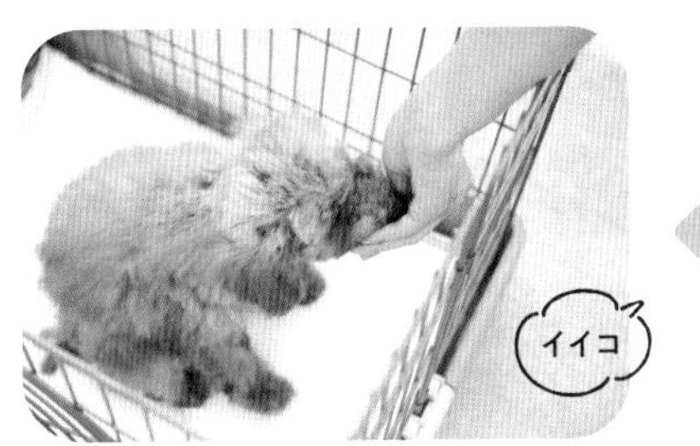

2 排泄できたら褒めてあげる

サークル内で排泄したら褒めコトバ、フード、なでるの「褒め上手3点セット」。

POINT

1～2分経っても排泄をしなかった場合は?

オシッコが溜まっていない証拠。1回クレートへ戻し、30～1時間後に再チャレンジ!

+α 排泄のときの合図を覚えさせる

サークルに入れてすぐ排泄するようになったら、「ワン・ツー・ワン・ツー」など決まったコトバで、排泄をうながす合図を教えます。

夜間のトイレ・トレーニング

夜中も一度起きて排泄させる

トイレ・トレーニングは夜も続きます。日中は3時間サイクルでトレーニングを行い、夜間は排泄を我慢できる限界までクレートで休ませましょう。夜間の我慢できる目安は「月齢+2時間」。一度起きて排泄させましょう。

どうしても起きるのが辛い場合は？

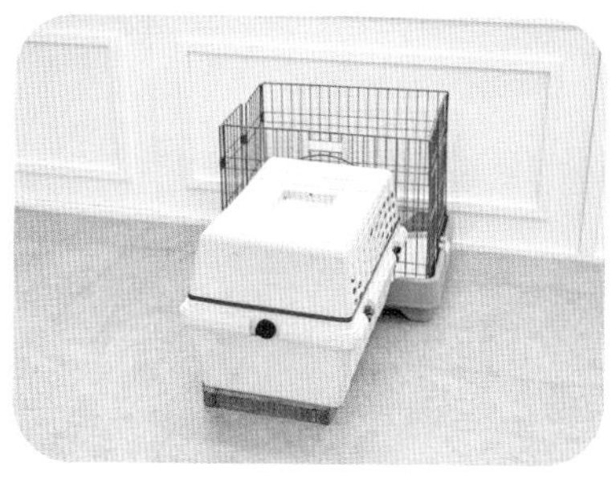

クレートとサークルをドッキング

しつけの効果は多少落ちますが、クレートとサークルの入り口の扉を外し、それぞれの入り口をつなぎ合わせる方法もあります。クレートとサークルを紐などで合体させ、隙間をアクリル板などで塞ぐ工夫も必要です。

3 部屋に出して遊ばせる

排泄ができたら、サークルの外へ出して触れ合いタイム。社会化トレーニングやおもちゃで遊びましょう。

4 30分ほど遊んだらクレートへ戻す

30分経過したら、再びクレートへ戻します。フードやおもちゃでクレートへ誘導し、布をかけて暗くして休ませます。

POINT

クレート内でフードを与える

クレートの隙間からフードを入れ、クレートにいるといいことが起きると覚えさせます。

5 1～4をくり返す

トイレ・トレーニングSTEP2

誘導で排泄トレーニング

1 フードでサークル内に誘導する

サークルで排泄するようになったら、サークルに移動することを教えます。予定時間にクレートを開け、フードでサークルまで誘導します。

2 手だけで誘導する

フードでの誘導をくり返すと、犬はサークルへ歩いていくことを覚えます。今度はフードなしで、フードで誘導していたときと同じように、手を動かして、サークルに誘導しましょう。

トイレ・トレーニングSTEP3

サークルとクレートを離していく

✓check!

トイレのしつけは1週間ほどで一段落

初日はSTEP1のみ、2日目はSTEP2に進むのが理想。早ければ3日、平均1週間でSTEP3までクリアできるでしょう。その後、同じトレーニングをくり返し、成功体験を積み重ねます。1カ月間トイレ以外で粗相をしなければ、トイレでの排泄はマスターできています。

移動距離を少しずつ伸ばす

クレートとサークルを少し離し、フードで誘導できたら、次は手だけで誘導します。成功したら少し距離を離すをくり返します。最後は部屋のどこにクレートを置いてもサークルへ移動できるようにしましょう。

クレートを嫌がる犬のクレート・トレーニング

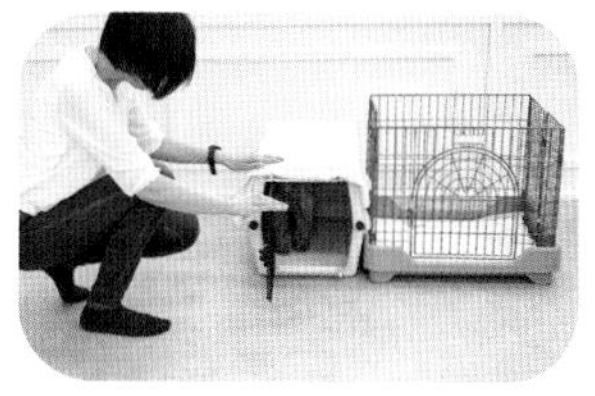

1 クレート内にフードを入れて誘導する

クレートの扉を開け、奥にフードを10粒投げ入れて中に誘導します。扉がガタつく音を怖がる場合は扉を外しましょう。

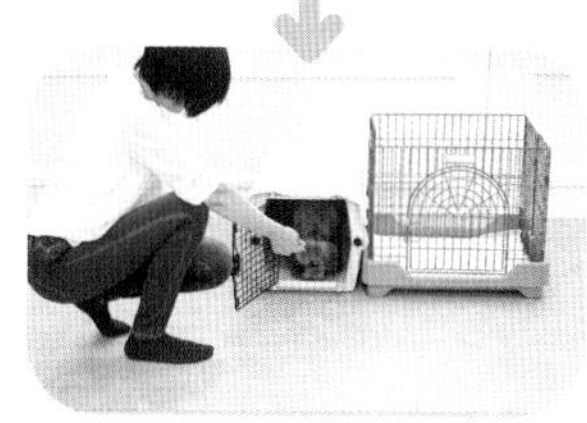

2 出てくる前にフードを次々と入れる

10粒のフードを入り口や隙間から連続で入れます。フードを入れる間隔を伸ばし、10粒のフードで1分間滞在できるようにします。

3 扉を閉めてフードを投入する

扉を閉めて 2 を行い、犬が騒ぐ前に扉を開け、フードを与えるのをしばらくやめます。与える間隔を伸ばし、10粒で数分待てるようにします。

4 クレートに布をかけ、フードを入れる

3 ができたら、クレートに布をかけ、隙間からフードを次々に入れ、犬が騒ぐ前に扉を開け、フードを与えるのをしばらくやめます。

5 クレートでの待ち時間を少しずつ伸ばす

4 ができたら、待つ時間と10粒のフードを入れる間隔を少しずつ伸ばし、飼い主が不在の状況にも慣らします。1粒フードを入れたら少し離れ、戻っては入れるをくり返します。

POINT

クレートで鳴いても無視

鳴いたり、吠えたりしたら、フードを入れる、クレートの扉を開けるのはやめましょう。鳴けばいいことが起きると思い込みます。鳴きやまない場合は、クレートを軽く叩く、近くのものを投げるなど、鳴きやむきっかけをつくりましょう。

社会化は日常生活にかかせない!

なでても怒らないし
スキ～…♡
きちんと社会化できている証拠だね

ガウガウ
ギャオオオ
迎えたときは吠えたり咬んだり大変でした……
何も教えていない犬は本能に基づく行動をするだけだからね

社会化は人に触れられること以外にも「抱っこされること」
ピンポーン
「人間社会にあるさまざまな刺激（車や人混み生活音など）」に慣れさせること
「ほかの犬に慣れること」など犬が人間社会を経験し慣れるための大切な時間なんだ
社会化できないとしつけトレーニングはおろか
日常生活に支障をきたしてしまうこともあるから
これは犬を飼ううえで必須なんだ
うーん やること いっぱい ありますね どこから はじめたら いいんだろう？
最初は低い刺激から少しずつ段階を踏んで慣らしていくことが大切だよ
NEXTページ
次のページから社会化について詳しく見ていこう

社会化＝ボーダーラインを上げること

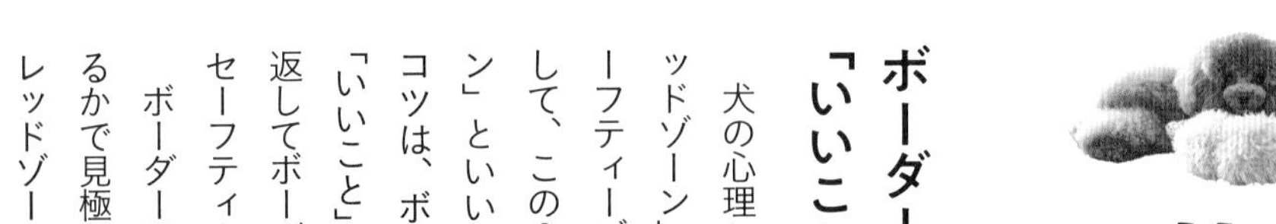

ボーダーラインの直前で「いいこと」を起こそう

犬の心理レベルは、恐怖心を抱く「レッドゾーン」と、恐怖心を抱かない「セーフティーゾーン」に分けられます。そして、この2つの境目を「ボーダーライン」といいます（左の図参照）。社会化のコツは、ボーダーラインのギリギリで「いいこと」を起こすこと。これをくり返してボーダーラインを少しずつ上げ、セーフティーゾーンを広げましょう。

ボーダーラインは、フードを食べられるかで見極めます。食べられない状況は、レッドゾーンなので刺激のレベルを下げましょう。

合図を覚えさせるより社会化の方がずっと大事

3章ではコトバの合図で、特定の行動ができるトレーニングを紹介しています。これらは役立ちますが、この章の社会化トレーニングのほうが重要です。なぜなら、ほかの犬に慣れていないと散歩のたびに興奮やストレスを感じてしまいますし、掃除機に慣れていないと、掃除機をかけるたびに恐怖を感じてしまうからです。また、体を触られることに慣れていないとお世話もできません。

ですから、この社会化トレーニングを優先して行いましょう。3章のトレーニングをするのはそのあとでもOKです。

✓ 社会化ができていないと犬に大きな負担がかかる

社会化不足の犬は、ストレスや恐怖心から、常にレッドゾーンの心理状況。これが続くと吠え癖や咬み癖がつき、攻撃性が高くなり、番犬化します。社会化不足を感じたら、時間をかけて社会化をさせます。手に負えないときは、オキシトシンの話を知っていて、リーダー論を語らないプロのトレーナーを頼りましょう。

社会化できていない犬の行動

- ✓見知らぬ人に対し吠えるまたは怯える
- ✓知らない場所へ行くと興奮する
- ✓音に対して敏感に反応する

セーフティーゾーンを広げる社会化のしくみ

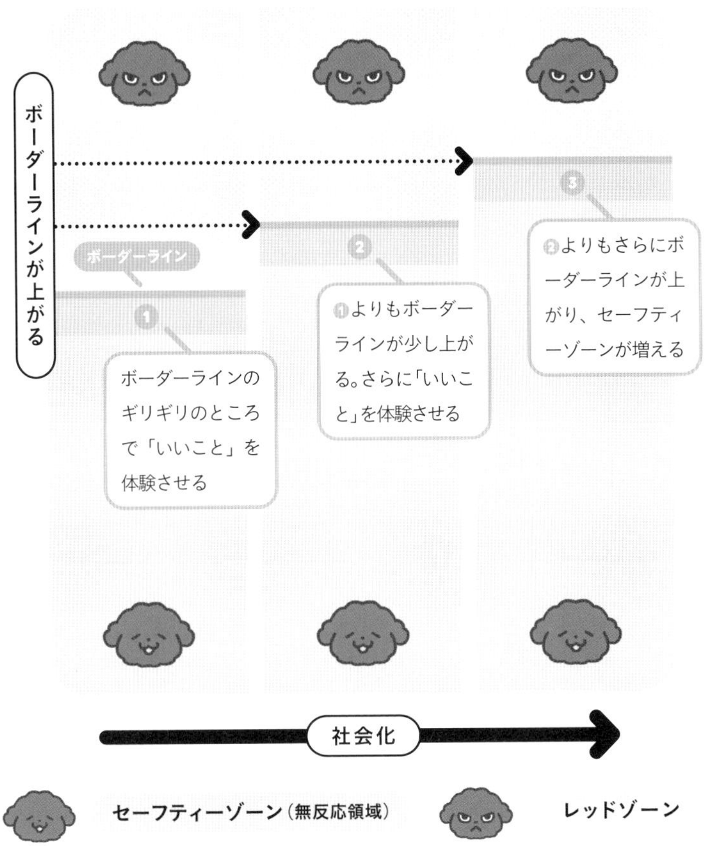

ボーダーラインが上がる

ボーダーライン

1 ボーダーラインのギリギリのところで「いいこと」を体験させる

2 1よりもボーダーラインが少し上がる。さらに「いいこと」を体験させる

3 2よりもさらにボーダーラインが上がり、セーフティーゾーンが増える

社会化

セーフティーゾーン（無反応領域）　レッドゾーン

吠えたらレッドゾーンの証拠

レッドゾーンに入ると、フードを食べられなくなると同時に、激しく吠えることも。これは体中にアドレナリンが放出され、ボーダーラインが著しく低下している証拠です。元の状態に戻るまでには時間がかかり、しばらくは興奮状態になりやすく、また、恐怖心から震えが止まらないことや、咬みつくことも。ボーダーラインの見極めをしっかり行い、少しずつ苦手なものを克服させましょう。

触られ慣れることは社会化の基本の「き」！

体を触られることに慣れさせよう

ここでは、全身どこでも触らせてくれたり、口を開けさせてくれたり、抱き上げることに慣らす方法をお伝えします。こうしたことに慣らさないと、体のお手入れができませんし、全身を触って皮膚の状態をチェックしたり、薬を飲ませたりすることも難しくなります。ゆくゆくは犬の寿命にも関わってくることです。

こうした社会化トレーニングはぜひ、犬を迎えた初日から行うことをおすすめします。1日数回（トイレ・トレーニングでクレートから出すたび）、行うのがベストです。

抱っこに慣らす

1 抱き上げてフードを与える

犬を右向きに膝の上に抱き、すぐにフードを与え「抱っこ＝いいことが起きる」と認識させます。

2 親指を首輪に引っ掛けてホールドする

犬が膝から飛び降りそうになっても、首輪に右手の親指を通していることで落下を防ぎます。落としてしまうと「抱っこ＝嫌なこと」と認識されてしまうので注意。

3 マッサージをする

胸、脇の下、肩、胴、おなかなど、指先で「の」の字を描くように触ってあげると、触ること自体が「いいこと」と認識されます。

コング内のおやつを与えながら抱っこする

犬によってはおとなしく抱かせてくれないこともあるので、そのときはコングを活用。膝の上に抱き上げたら、コング内のフードをなめさせましょう。

犬の抱っこのしかたの基本

膝上・仰向け

太ももの間に犬のおしりとしっぽを入れ、右手の親指は首輪に引っかけます。

膝上・横向き

膝の上で立たせるかオスワリの状態。左手は犬の胴に添え、右手の親指は首輪に入れます。

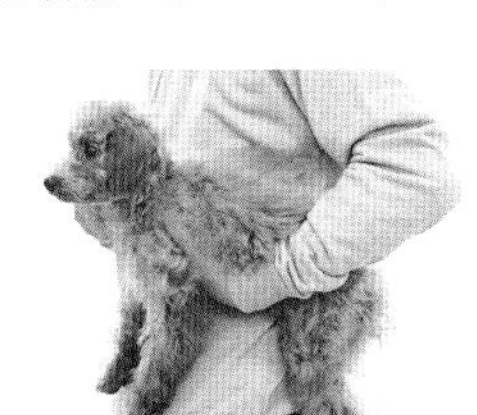

横抱き

犬の脇の下に左手を入れ、左脇腹につけて抱えます。右手の親指は首輪に入れます。

股の間

立て膝をついた姿勢で、膝の間に犬を収め、右手の親指は首輪に引っかけます。

運び方

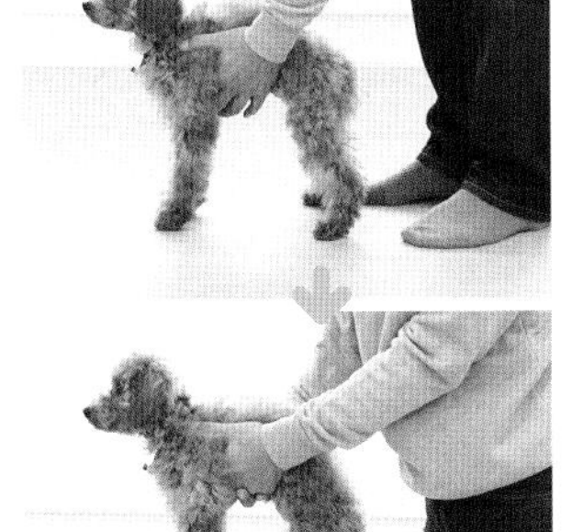

脇の下に両手を入れて胴体を支えるように持ち上げて地面と水平に運ぶ

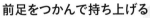

胴体を地面と水平にしないと不安定な体勢に。トイレ・トレーニングでサークルに入れるときに適した運び方です。

NG!

前足をつかんで持ち上げる

前足のつけ根にかかる負担が大きい持ち方。また、脱臼などのケガの原因にもつながります。

マズルを触られることに慣らす

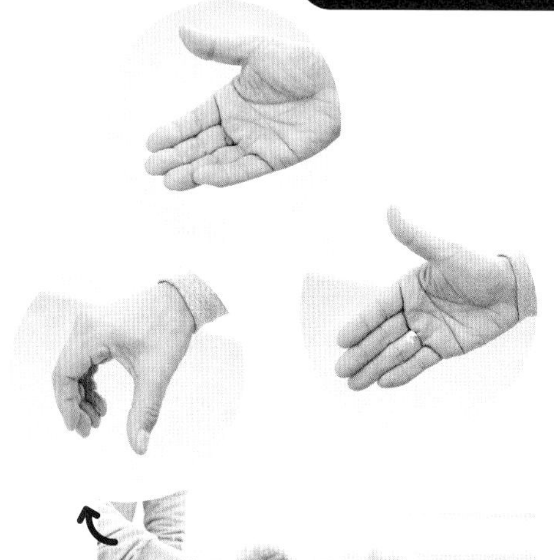

1 薬指側にフードを持つ または チーズを塗る

薬指側にフードをのせます。フードを食べたときにすぐに身を引くような犬は、なめ取るのに時間のかかる、犬用チーズがおすすめ。

2 手を丸めて食べさせる

手を丸めて犬に近づけます。犬はにおいを感じ取り、丸めた手の中に鼻を突っ込んできます。はじめはフードを与えるだけにし、慣れたら軽くマズルを握りましょう。

3 フードなしでマズルをつかむ

2 ができるようになったらフードなしでマズルをつかむことに挑戦します。つかむことができたら、フードを与えて褒めます。

マズルに触れることでできること

マズルを
つかまれることや
口を開けられることに
慣れないと
できないことが
たくさんあるね

口の中に指が入ることに慣らす

1 指先にチーズを塗る

人差し指に、犬用のチーズ、またはふやかしたフードを塗ります。

2 チーズをなめさせる

人差し指を差し出し、なめさせます。

3 口の中に指を入れる

指先をなめている間に、指を歯と頬の間に入れ、犬歯や奥歯を触ります。

口を開けられることに慣らす

1 フードをなめさせる

フードを1粒持ち、犬の鼻先に近づけてにおいをかがせてなめさせます。

2 なめている間に上あごをつかむ

フードに夢中な間に、もう片方の手でマズルに手をかけ、上あごを支えます。

3 口にフードを入れる

下あごを下げて、フードを口に入れ、慣れたら 1 は省き、 2 からはじめます。

さまざまな生活音に慣らそう！

日常の音に慣らして苦手な音をなくそう！

人間社会でくらすためには、家の中や街中で聞こえるいろいろな音に慣れる必要があります。例えば、掃除機の音。耳障りな音を響かせて動き回る掃除機に吠えたり、逃げ回ったりする犬は少なくありません。慣れさせるためには、その音をまず小さな音で聞かせながらフードを食べさせる（いいことを起こす）こと。音に反応せず、フードを食べられているなら、その音量はセーフティーゾーン。食べられないならレッドゾーンなので、食べられる音量まで下げます。その後は少しずつ音量を上げて慣らします。

強

1 動きアリ ＋ 音アリ

2 動きナシ ＋ 音アリ

3 動きアリ ＋ 音ナシ

4 動きナシ ＋ 音ナシ

弱

※2と3は逆の場合もあります。

音と動きは分けて慣れさせる

音をたてながら動くものに関しては、音と動きの両方をいっぺんに慣れさせようとすると、刺激が強すぎてうまくいきません。別々に慣れさせてから動きながら音を出す状態に慣れさせましょう。

動きと音の慣らし方

録音した音を聞かせるのはすべてのケースに有効

音を聞かせながらフードを与え、少しずつ音量を大きくしていきます。ネットでは犬の音慣らしのための音源も公開されています。

ドライヤー

掃除機の場合と同じ慣らし方。「動きナシ+音ナシ」の状態から慣れさせ、最終的にはドライヤーの風を犬にあてながらフードを与えます。

車やバイク

車やバイクを見せながらフードを与えます。最初は止まった状態からはじめ、次に動いている状態を見せます。犬が怖がり、フードを食べないときは乗り物から距離を離します。

掃除機

最初は「動きナシ+音ナシ」で慣らします。電源をオフにした掃除機のそばにフードをまき、犬に食べさせている間に録音した掃除機の音を聞かせましょう。

次は「動きアリ+音ナシ」で慣らします。掃除機を少し動かし、動かしているそばでフードをまく、または手からフードを与えます。

フードを食べている犬から離れた場所で、電源を入れ、大丈夫そうならフードを与える場所を近づけます。最後は電源を入れた掃除機を動かしながら、フードを投げ与えます。はじめは遠くに、段々近い場所にフードを投げましょう。

人との触れ合いに慣れさせよう！

いろいろな人から愛犬にフードをあげてもらおう

理想とするのは、どこにでも犬を連れていけて、いろいろな楽しいできごとを共有できるくらしだと思います。当然ながら、そこにはたくさんの人が存在します。飼い主さん以外の人にも慣らさないと、旅行はおろか、普段の散歩にも出かけられません。特別人懐っこい犬にするというわけではなく、ほかの人がいても特に緊張せず、気にしないようにするのが目的です。

家に来たお客さんにはもれなくフードを渡して犬にあげてもらいましょう。外では、犬好きの人にフードをあげてもらいます。「かわいいワンちゃんですね」と声をかけてきたり、犬を見て笑顔になる人はチャンス。「うちのコにフードをあげてもらっていいですか？」とお願いしましょう。制服姿の学生、おじいさん、おばあさん、ひげを生やした男性、帽子をかぶった人など、老若男女問わずいろんなタイプの人からフードをあげてもらうとよいでしょう。

ワクチンプログラム終了前の子犬はまだ外を歩かせられないので、まずは家に友人などを招待しましょう。またプログラム終了前でも飼い主さんが犬を抱えるなどして外を散歩することはできます。大切な社会化期を逃さず、人に慣れさせたいものです。

慣らし方

自宅にきたお客さんにフードを与えてもらう

自宅にきた人や玄関先だけの人にも協力してもらいフードをあげてもらいましょう。すぐにフードが渡せるように、フードポーチを身につけておきます。

外出先で出会った人にフードを与えてもらう

散歩で出会うさまざまな人にもフードを渡して協力してもらいましょう。見知らぬ人からも「いいこと」を起こしてもらうことで、人は怖くないことを学ばせます。

散歩のときにもフードを持っておこう！

臆病な犬の慣らし方

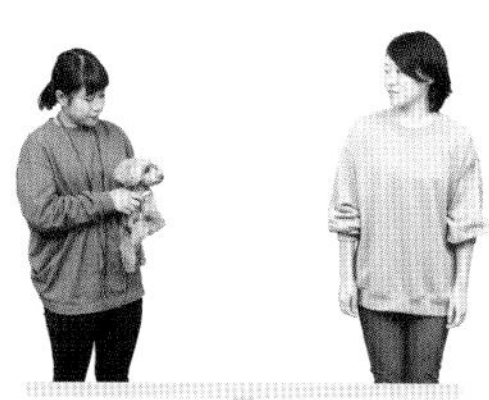

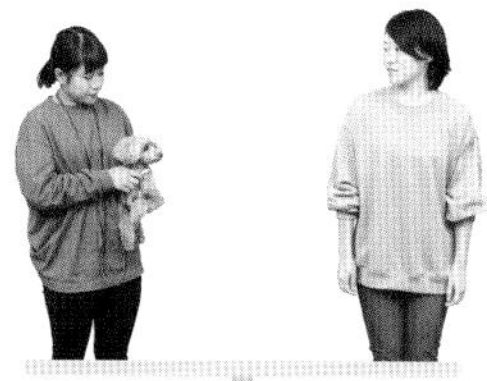

犬と目を合わさず、少し離れた場所に立ってもらう

協力者の目線を犬から外してもらい、少し離れた場所で飼い主と並行に立ってもらいます。

飼い主がフードを与え、食べたら距離を縮めてもらう

飼い主が犬にフードを与え、犬がフードを食べたら、協力者に少しずつ近づいてもらいます。

直接フードを与えてもらう

協力者が近づいても犬がフードを食べられたら、協力者からフードをあげてもらいましょう。

ほかの犬に慣れさせて友達になろう！

STEP 1 ほかの犬と対面させてフードを与える

散歩中に出会う犬を見せながらフードを与えましょう。相手の犬は地面にいても、抱えられていてもどちらでもOK。犬がフードを食べないときは、相手の犬と距離を取り、フードが食べられるまで待ちましょう。

STEP 2 犬同士を遊ばせる

※広めのリビングや庭など、安全な場所で行ってください。

※「オイデ」(P.102) をマスターしてからだと安心です。

1 お互いの犬をホールドする

飼い主が自分の犬を股の間でホールドし、お互いの犬が落ち着くまで待ちます。

2 犬同士で遊ばせる

お互いの犬が落ち着いたら、犬を離して自由に遊ばせます。

3 犬を呼び寄せる

興奮してきたと感じたら、飼い主が犬を呼び寄せてフードを与えます。こないときは、リードを短く持ち、フードを握った手に反応する位置まで相手の犬から離します。

4 1～3の工程をくり返し行う

社会化が進むと同時に、「遊んでいても飼い主の元まで戻るといいことが起こる」→「戻っても遊びは再開できる」ことを覚えさせます。

早い時期からほかの犬との触れ合いを！

ほかの犬を怖がる犬は多いです。これは、生まれて早くに親から離されて販売される、早期離乳が大きな理由です。

早期離乳による経験不足を補うには、子犬を迎えた早い段階で、ほかの犬に慣らすことです。まだ、外を歩くことはできなくても、抱えてほかの犬を見せてあげましょう。近所の犬と室内で遊ばせることや、パピーパーティーやパピークラスに参加することをおすすめします。これらのレッスンに参加することは、プロのトレーナーがさまざまな物事への社会化や、好ましくない行動の予防に役立つトレーニングを行うので、特に子犬の時期には効果的です。その後の犬との生活に大きなメリットをもたらしてくれるでしょう。

パピークラスって？

社会化期の子犬と飼い主が参加する4〜5回がセットのグループレッスン。いい教室のポイントは、

- **グループレッスン主体**
- **インストラクター、またはドッグトレーナーが教えている**
- **自発的なアイコンタクトを高めるようなトレーニング方法か**

上記のポイントを確認するために、実際に教室を見学するといいでしょう。

ワクチンプログラムが終了していなくても、2回目のワクチン接種から2週間経過していれば、多くのパピークラスに参加できます。

しつけ教室が不定期で開くパピーパーティーもあるが、1回のみのグループレッスンなのでしつけをしっかり学ぶなら、パピークラスがおすすめ。

服に慣らしておしゃれを楽しもう！

服に慣れれば、おしゃれがより楽しいものに

基本的に犬は、服を着なくても特に問題はありませんが、見た目のかわいさから、服を着せたくなるものです。

中でも、トイプーはおしゃれを楽しみやすい犬種です。感情表現が豊かなので、かわいくして一緒に出かけたい人は多いでしょう。ただし、服を無理やり着せるようではストレスを感じ、おしゃれどころではなくなります。また、おしゃれ以外でも術後のケアで服が必要になることもあります。飼い主だけでなく、犬にとってもプラスになるように、まずは服の存在に慣らしましょう。

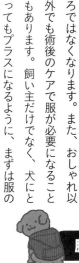

服を着ることに慣れる

1 背中に服をのせる

フードをなめさせながら、犬の背中に服をのせます。

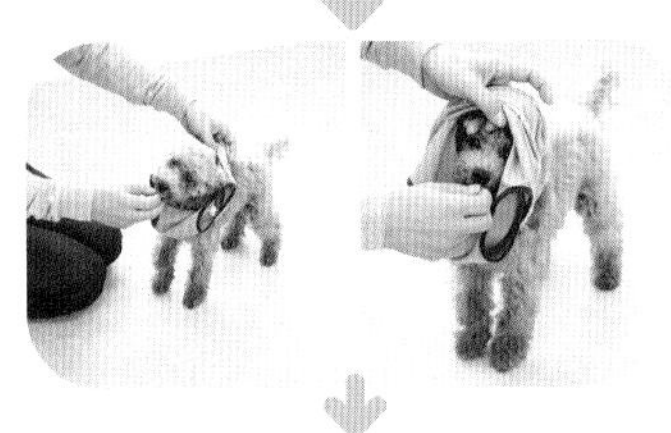

2 襟口からフードをなめさせる

襟口からフードを出してなめさせながら、首を通します。

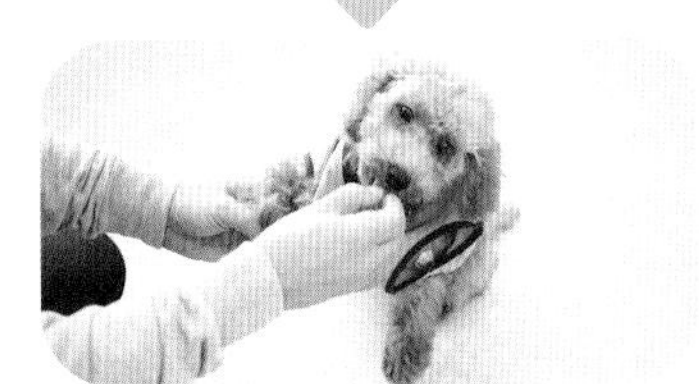

3 袖を通す

袖口から手を入れて片足ずつ通します。両足を出せたらフードを与えます。

服を着ることに慣れるのはファッションのためだけじゃない

手術やケガをしたときに、術後服を着用することもあるので、社会化期のうちに慣らしましょう。

JAHA家庭犬マナーチャレンジに挑戦しよう！

「犬も飼い主も幸せ、周囲にも迷惑をかけない、そうした犬との生活を楽しむためには、最低限これくらいは教えておこう」という指標が※JAHA家庭犬マナーチャレンジです。本書で紹介したトレーニングを一通り済ませたら、各項目クリアを目指してさらなるトレーニングをしましょう！

※公益社団法人日本動物福祉協会

家庭内でのマナー

✓ **ブラッシング**

✓ **足拭き**

嫌がられずに日常的にできているか確認。

✓ **オイデ**

飼い主との信頼関係を築き、好ましくない行動を未然に防いで、確実なオイデができるか確認。

✓ **足下でのフセのマテ**

日常生活で落ち着いてほしいときに、リラックスさせられるかを確認。

散歩でのマナー

✓ **ほかの犬とのすれ違い**

✓ **リードを緩ませての散歩**

散歩を安全に楽しめるかを確認。

✓ **扉の出入り**

さまざまな状況下で、オスワリ・マテができるかを確認。

✓ **見知らぬ人や他人とのあいさつ**

見知らぬ人に吠えたり、飛びついたりしないか（オスワリ・マテができるか）確認。

旅行・お出かけでのマナー

✓ **キャスターつき旅行カバンなどが背後を通っても飼い主に集中できる**

✓ **クレートで待つ**

ストレスなくお出かけが楽しめるか確認。

✓ **オスワリまたはフセからのマテで物を拾う**

出先でバッグの中をチェックする、靴紐を結び直すなど、落ち着いてできるか確認。

✓ **不安定な足場の上を通過する**

出先でいつもと違う足場を安全にストレスなく通過できるか確認。

動物病院でのマナー

✓ **他人に犬を預ける**

病院スタッフに犬を預けられるか、災害時に他人に犬を託せるか確認。

✓ **診察台に乗せ、診察を受ける**

診察・治療を大人しく受けられるか確認。

✓ **歯みがき・歯のお手入れ**

歯周病予防が行えているか確認。

✓ **健康チェックのために体を触る**

日常的に健康チェックができるか確認。

＼まだまだある！／

トイプーの毛色

トイプーの毛色はブラック、ブラウン、ホワイトと本来3色で、この3種類の遺伝子の組み合わせから多彩な色が生まれています。今回は誕生してからの歴史が浅く希少カラーとされているトイプーを紹介します。

ブラックの中間色のトイプー「ブルー」。突然生まれることから希少カラーとされています。

美しいブルーカラーは成長とともに判明する？！

ブラック系の家系から登場することが多く、成長途中でブルーか判明するため、このカラーを得意としているブリーダーはいないといわれています。

皮膚はわずかに青みがかっているとされており「ミッドナイト・ブルー」と呼ぶこともあります。

ブルーはほかのカラーのトイプーと比べ、色が安定しにくく、変化に終わりがないともいわれています。

シルバー

3段階のカラーチェンジを経てシルバーカラーが誕生する

ブラックっぽい濃い色から少しずつ色が薄れてグレーになり、そこから美しいシルバーへと変わります。

シルバーへと変化するスピードや度合いには個体差があり、グレーはシルバーの途中段階の色とされています。

シルバーカラーの定義は曖昧な部分が多いが、グレーになる個体がシルバーカラーになる可能性を持っており、色が決まる基準とされています。

全身黒に近い毛色で生まれ、生後1か月齢すぎからシルバーに変色しはじめます。

シルバーベージュ

シルバーカラーに少し茶色のような赤みが混ざったカラーの個体がシルバーベージュとされています。

成長にしたがってじょじょにシルバーの毛が発現していく

薄いブラウンカラーで誕生し、生後1年ほどかけてじょじょに根元からシルバーカラーに変化していきます。

個体差はありますが、目鼻、くちびるのまわりは赤みがかったブラウンのような色をしています。

根元や毛先で毛の色は同色になりにくい特徴があります。

パーティーカラー

ホワイトベースの毛に1色または2色のはっきりしたまだらが入っている毛色をパーティーカラーといいます。

成長とともに毛色は変化を見せていくことも特徴としてあります。

毛色のちがいや斑模様が個性的なトイプー！

トイプーの毛色は、単色カラーが好ましいとされていますが、パーティーカラーは、単色のトイプーにはない、２色ならではの雰囲気や、模様の変化などが楽しめる、個性的なかわいさがあります。

２色に色が分かれる理由は、親犬からの遺伝だとされています。体の毛色がちがうからといって、健康面には問題はありません。

カラーバリエーションの豊富さもトイプーの魅力！

トイプーのカラーバリエーションは、実は、ここで紹介したカラー以外にもまだあります。同じカラーのトイプーでも、個体によって色味は千差万別です。この多彩なカラーバリエーションも、トイプーが人々から愛されて、人気の理由のひとつなのです！

サロンデビュー前もかわいいバニラさん

トリミングは混合ワクチンと
狂犬病注射が終わってから行くのが理想です
子犬のころのバニラさん
バニラさんももうすぐサロンデビューできるね！
？
モヒカンカット
テディベアカット
コンチネンタルクリップ
アフロカット
ラムクリップ
どんなカットにしようかな〜
サロンデビュー前はモジャモジャすぎてたぬきみたいになってるけど
もしゃり…
これはこれでかわいいんだよね

おしりをくっつけてくるバニラさん

迎えて間もないころのバニラさんは
今日もあんまりこっちに来ないなぁ
遠まきに私を見ているだけでした
ちら…
迎えて数日後
アハハ…
…
ぴたっ
信頼関係が少しできはじめたのかな…？

③

楽しみながら
トレーニング

トレーニング

トレーニングは遊び感覚で楽しく♪

クーさん「オスワリ」!

ザッ

なんかくれる?

クーさん えらいね!

今はだいたいできるけど
そういえばトレーニングしはじめは大変だったな
オスワリ!!
…
若かりしころ…
まあ、あの苦労があったから今があるんだけど…

子犬のうちからトレーニングすることは重要だよ!
再び参上!!
バッ
サッ
わあ!?

トレーニングは日常で役立つものが満載だからね!

イタズラしそうになったときに止められる
「オイデ」
信号待ちするときの「マテ」
ほかの犬とすれ違うときの「ヒール」
トレーニングは日常生活に役立つものがいっぱいなんだ
わたしもだったけどトレーニングは緊張したな
ちゃんとできるか自信ないなぁって
トレーニングは「教えなきゃ」という義務感でやっているとお互いに辛くなってしまうから
遊びの中で行うのが一番なんだよ
シニアには別のトレーニングがあるからクーさんにはそっちがおすすめだよ
メモメモ…

トレーニング成功の秘訣は楽しみながら行うこと！

楽しくないとやる気が下がるのは犬も同じ！

犬のやる気を起こし、記憶力を高めるには脳のドーパミン神経回路を活性化させることが大切です。簡単にいうと犬を楽しませながら行うことが最も効果的なトレーニング方法。飼い主さんがクイズ番組の司会者になって、犬に正解を出させるような感覚でトレーニングを行いましょう。もちろん、フードというご褒美も用意します。「教えなくちゃ」という義務感では犬のやる気も下がりますし、飼い主さんも楽しくありません。

トレーニングの進め方

すべてのトレーニングは以下の順番で進めます。
あるSTEPがほぼ100%できたら次のSTEPに移行します。

STEP 1　動作を教える

教えたい動作を自然にするように、フードで誘導。できたらご褒美をあげて動作を覚えさせます。

STEP 2　コトバの合図を教える

教えたい動作をさせる直前に、その動作のコトバを発します。くり返すことで犬は動作とコトバを関連づけて覚えます。

STEP 3　合図のみで動作をマスターさせる

コトバや手の合図だけで動作ができるようになります。

トレーニングの心得

POINT

コトバや手の動作の合図を統一する

指示するコトバは統一することが重要。犬はコトバの意味を理解しているわけではなく、音でコトバを覚えます。

コトバは家族で統一しよう！

POINT

集中を求めるトレーニングは1回あたり5分程度

オスワリやマテなどの、行動を教えるトレーニングは、1回あたり5分を目安に。社会化トレーニングは、それほど時間にこだわらなくても大丈夫です。

POINT

カーミングシグナルを見せたら気分転換をする

カーミングシグナルは、あくびをする、鼻の頭をなめるなど、ストレス状態にあるときに犬がみせるしぐさのこと。トレーニング中に見せる場合は、トレーニングに飽きているか、うまくできずにストレスを感じている証拠。下記の方法で気分転換させるか、やる気をアップする必要があります。そのまま続けていても成果は上がりません。

- 方法 1　フードを替える
- 方法 2　トレーニングのレベルを下げる
- 方法 3　「マテ」などのトレーニングの場合は犬を少し動かす
- 方法 4　ひと眠りさせる

トレーニングの前に首輪とリードに慣らそう！

首輪の慣らし方

POINT 首輪のつけ方

フードを与えながら首輪を装着する

1人がフードを与え、犬がフードをなめている間に、もう1人が首輪をつけます。1人で両方のことを行う場合は、フード入りのコングを利用しましょう。

➔P.061 コングの使い方

POINT 首輪の長さの目安

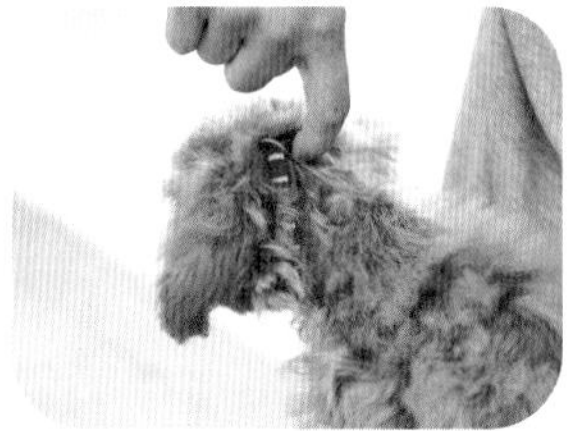

引っ張っても抜けない

緩すぎるといざというときの安全確保がおろそかに。後頭部から前に引っ張って確認しましょう。

親指が入る長さに調節

首輪はキツすぎてもダメ。親指1本分が入るゆとりを持って、長さを調節しましょう。

POINT 首輪をつかまれることに慣らす

首輪をつかみ、フードを与える

安全確保のために、愛犬の首輪をつかむ場面は多々。首輪をつかむことがあったら、フードを与えていいことを起こしましょう。首輪に指をかけられることを嫌がる犬は、フードを与えながら首輪をつかむと◎。慣れてきたら、フードと同時に首輪をつかむ→首輪をつかんでからフード、というふうに段階を踏みます。

POINT

いろいろな素材の上を歩かせる

「マグネット遊び」で感触のちがう素材の上を歩かせる

屋外にはさまざまな材質でできた場所があります。フードで誘導する「マグネット遊び」で、いろいろな感触に慣れさせましょう。素材の上でフードをばらまいて通過させるのもOK。

➔P.098 マグネット遊び

フードは素材の上で与える

フードほしさに急いで通過する犬もいます。フードは必ず素材の上で与えましょう。リードを引っ張り、無理に歩かせるのはNGです。

POINT

まずは室内で慣らす

室内で首輪とリードをつけて遊んだりトレーニングしたり

屋外の散歩の前に、リードをつけた状態で室内散歩や、引っ張りっこ遊びをして、室内で首輪とリードをつけて慣らします。

➔P.129 遊びの基本「引っ張りっこ遊び」

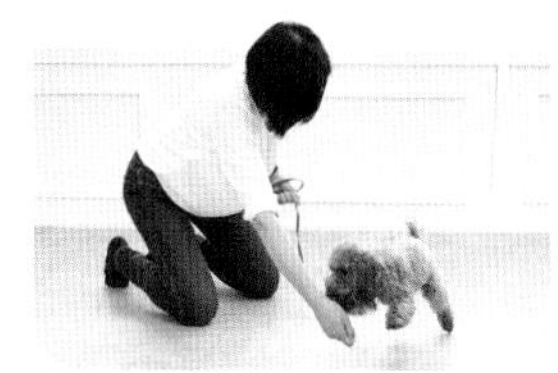

POINT リードの持ち方

屋外の散歩では、拾い食いや飛び出し事故などの危険が伴います。危険から犬を守ために正しいリードの持ち方をマスターしましょう。

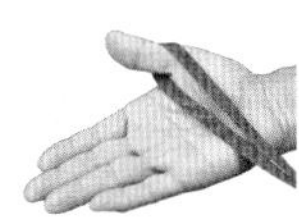

右手の親指にリードの輪をかける

右手の親指にリードの先端の輪をかけます。フードポーチに手を伸ばしやすくし、アイコンタクトの合図（P.099）ができるリードの長さが必要。

結び目をつくり左手で握る

ひじを直角に曲げ、リードが張る長さ（右手側）の握る部分に目印として結び目をつくります。この結び目を「セーフティーグリップ」と呼びます。

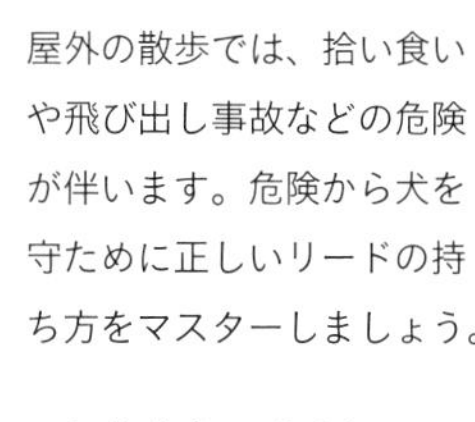

ひじを直角にするとリードが張る長さに

左腕を直角に曲げると、犬との間のリードが張り、下ろすとリードがたるみます。1.6〜1.8mのリードを使います。

プレ・トレーニング

マグネット遊び

フードで犬を誘導する遊び。磁石のようにフードを握った手に
犬の鼻先がついてきたらOK。

1　犬の鼻先に手をつける

フードを握り込んだ右手を犬の鼻先に。
犬はにおいを嗅いでくるはず。

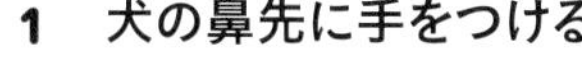
→P.061　フードの持ち方

犬の鼻の高さに手の位置を合わせます。位置が高いと飛びついてきます。

リードはつねに緩ませます。張っていると犬の動きが止まってしまいます。

手を咬んだら フードは与えない

　フードを求めて咬む場合は、ご褒美は与えてはいけません。与えると「咬めばもらえる」と覚えます。また、うまくできないのにフードを与えるのもNG。

2　手を水平に動かす

犬が手にぴったりついて歩いたら、フードをあげて褒めます。

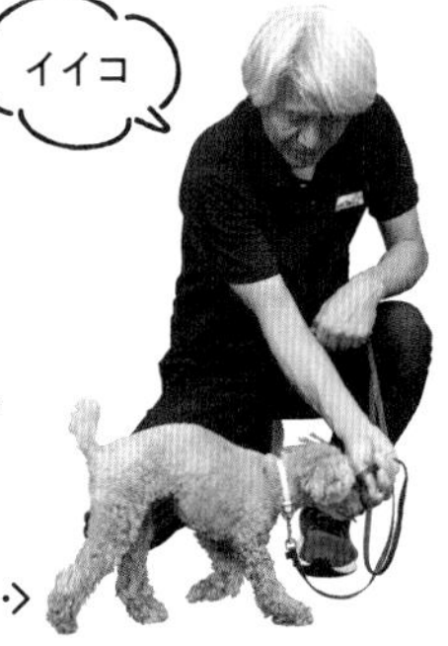

3　前後、左右に動かす

手で誘導して、犬を元の位置に戻したり、体の後ろに動かしたりする。うまくついてきたらフードを与えて褒めます。

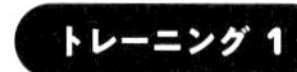

アイコンタクト

飼い主と視線を合わせるアイコンタクトは、
飼い主に注目させるためにかかせないものです。

1 犬の鼻先に手をつける

フードを握り込んだ右手を犬の鼻先に。犬はにおいをかいでくるはず。

2 手をあごの下に移動する

右手をあごの下に動かします。この動作がアイコンタクトの合図。手の動きにつられて、犬が飼い主を見上げればOK。

3 愛犬の名前をコトバの合図として加える

愛犬の名前を呼んでから **2** の動きをし、目を合わせたらフードを与えます。くり返すと、名前を呼ばれただけでアイコンタクトができるようになります。

POINT

うまくいかないときは口笛で気を引こう!

犬がうまく見上げてくれない場合は、口笛、または舌打ちなどの音で注意を引きましょう。音を出さなくても、飼い主がしゃがむとできる犬もいます。

トレーニング 2

オスワリ

オスワリができると、日常生活をスムーズに過ごせます。
指示語は「スワッテ」や「SIT（シット）」でもOK。

1 犬の鼻先に手をつける

フードを握り込んだ右手を犬の鼻先に。

2 犬が上を向くように手を動かす

犬の鼻先が上を向くように右手を動かします。すると、自然とおしりが床に着きます。

POINT

犬が後ずさりしてしまう場合は?

犬が後ずさりをしてしまい、おしりを床につけない場合は、壁際など後ずさりができない場所でトライしましょう。

4 コトバの合図を加える

「オスワリ」といってから **1** ～ **3** を行います。

3 座った姿勢のままフードを与える

犬の鼻先が上を向き、おしりが床についたら、フードを与えて褒めます。おしりは褒め終わるまで床から離れないように。

フセ

待たせるときに使うポーズ。「オスワリ」がスムーズにできるようになったらチャレンジしてみましょう。コトバは「DOWN（ダウン）」などでもOK。

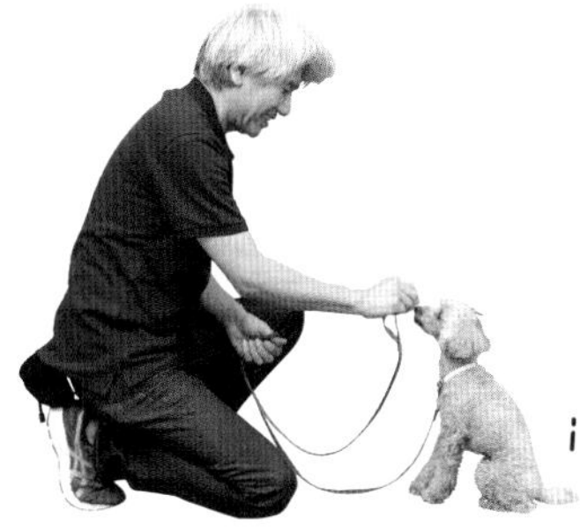

1 オスワリをさせる

フードを握り込んだ右手を犬の鼻先に。そのまま右手を上に移動し、犬のおしりを床に着けます。

3 コトバの合図を加える

「フセ」といってから **1** 〜 **2** を行います。

2 手を下に動かす

犬の鼻先から離れないように右手を真下に下ろすと、犬の姿勢は、自然とフセの形に。この姿勢を保ち、フードを与えて褒めましょう。

上の方法でうまくいかないときは

腕くぐり
床からやや上に腕の高さを固定し、腕の下をフードで誘導してくぐらせるとフセの姿勢に。

足くぐり
曲げた膝の下をフードで誘導してくぐらせる。すると、自然とフセの姿勢に。

※腕くぐりができると、やがてフセに導けるようになります。

トレーニング 4

オイデ

してほしくない行動を防ぐことや危険回避に役立ちます。
1人で行うSTEP1ができるようになったら、
2人で行うSTEP2と3へ移行しましょう。

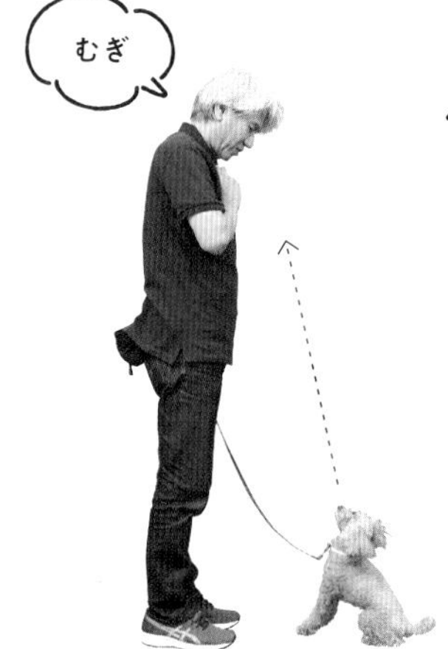

1 アイコンタクトをとる

犬の名前を呼び、アイコンタクトをとります。

→P.099 アイコンタクト

2 フードで誘導しながら数歩下がる

フードを握り込んだ右手を犬の鼻先に。においを嗅いできたらそのまま数歩下がります。

犬の視線の先の景色を体で隠し、飼い主の体の左右中心に手を置くことがコツ。背景が見えると犬の気が散りやすくなります。

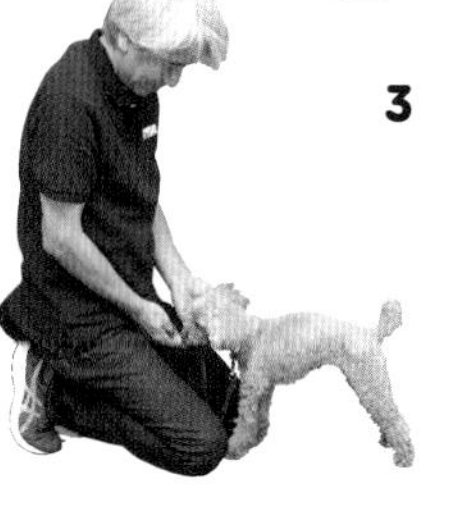

3 体に密着させた右手まで犬がきたら褒める

両膝をつき、フードを握り込んだ右手は飼い主の体に密着させ、右手まで犬がきたら、フードを与えて褒めます。

オイデ

4 コトバの合図を加える

2 を行う直前に「オイデ」といい、**1** ～ **3** を行います。

STEP 2

アイコンタクトをとる

Bさんはリードを持ち、Aさんは犬の鼻先に手が届く位置にいます。Aさんは犬の名前を呼び、アイコンタクトをとります。

フードで誘導しながら数歩下がる

Aさんが「オイデ」といい、フードを握り込んだ手で犬を誘導して下がります。犬がついて行ったら、リードはつねに緩んだ状態を保ち、Bさんもついて行きます。

体が密着したら褒める

フードを握り込んだ手を自分の体に密着させて、ついてきたらフードを与えて褒めます。2人の役割を交換してくり返します。

STEP 3

少しずつ距離を伸ばす

AさんとBさんの立ち位置を少しずつ離します。アイコンタクトが難しい場合は、口笛や舌打ちで気を引きましょう。

コトバと合図を送る

離れていてもコトバに反応して犬が来るようになったらOKです。

「オイデ」をしたら犬が嫌がることはしない

「オイデ」を覚えさせるために大切なことは、できたら犬の嫌がることは決してしないことです。呼ばれたからきたのに嫌なことがあっては、犬はこなくなってしまいます。犬を呼び寄せたら、必ず褒めてあげましょう。

マテ

「マテ」は、飛び出し事故防止や、周囲に迷惑をかけないために習得が必要。
難易度が高いので忍耐強く教えることが肝心です。

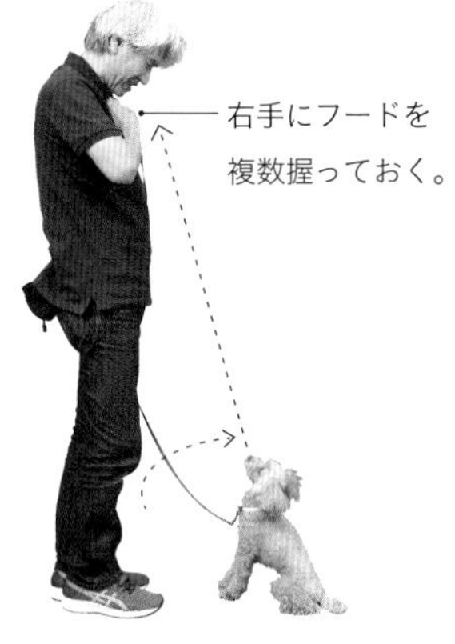

1

オスワリをさせてから アイコンタクトをとる

オスワリからアイコンタクトを行います。

→P.099 アイコンタクト
→P.100 オスワリ

2

フードを次々に与える

犬が立ち上がる前にフードを次々と与え、オスワリの姿勢でいるとフードがもらえることを覚えさせます。

「オアズケ」は教えない

フードを前にして待たせる「オアズケ」を教えると「フードを前にしたら動いてはいけない」と覚えてしまい、フードで誘導できなくなります。そもそもオアズケは番犬に必要なトレーニング。家庭犬は覚える必要はありません。

3

おしまいを教える

フードがなくなる直前に、終了を教えるために犬のおしり側に歩き出します。終了の合図として、「OK」などのコトバを動く直前に発しましょう。

4

アイコンタクトを続ける

2 と同様にフードを次々に与えるが、与えたあとは必ずアイコンタクトをとり、アイコンタクトが持続できるようにします。最後は **3** と同じように終了。

アイコンタクトの持続時間を長くしていく

STEP1と同様に、立ち上がる前にフードを与えます。犬が理解するにつれて、座った姿勢を保つ時間が延びます。

フードを握り込んだ右手を見つめる犬の視線を遮るように左手の手のひらを出します。

コトバの合図を加える

フードを与える前に「マテ」といいながら左の手のひらを犬に向けます。

1 「マテ」をさせて少し離れる

STEP3と同様に「マテ」をさせ、少し後ろに下がります。はじめは靴1個分から慣らしていきましょう。

2 戻って褒める

犬が動く前にすぐに戻り、フードを与えて褒めます。

3 離す距離を少しずつ延ばす

1 2 をくり返し、じょじょに下がる距離を延ばします。最後はリードの長さいっぱいまで離れられるように。

トレーニング 6

ヒール

「HEEL（ヒール）」とは「かかと」の意味で、散歩中に飼い主に集中して歩くために役立ちます。難易度が高いので少しずつ慣らしましょう。

STEP 1

1

アイコンタクトをとる

右手にフードを数粒握り込み、アイコンタクトの合図を手で送ります。アイコンタクトができたらフードを与えて褒めます。

2

犬の後ろに回り込む

フードを1粒与えたら、再度アイコンタクトの手の合図を。アイコンタクトをとったら、犬の右側に移動し、さらにアイコンタクトをとれない位置まで下がります。

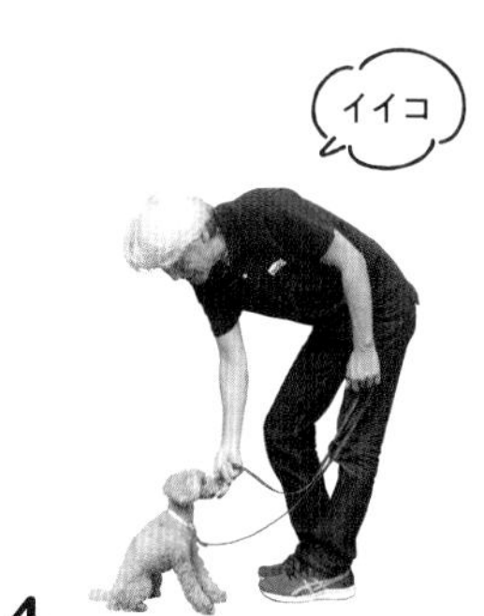

4

2 〜 3 をくり返す

くり返し行うことで、犬は「アイコンタクトをとりながら人の動きについていく」ことを覚えます。

3

犬が正面にきてアイコンタクトをとってきたら褒める

犬が自分から動いて、人の正面まで回り込み、アイコンタクトをとってきたらフードを与えて褒めます。

STEP 2

1
アイコンタクトを取りながら歩く

STEP1ができるようになったら、アイコンタクトをとりながら、そのまま数歩歩きます。できたらフードを与えて褒めます。これを反復し、アイコンタクトを維持して歩数を増やします。STEP1ができる場所で行うのがおすすめです。

2
コトバの合図を加える

1で5mほどアイコンタクトを維持して歩けるようになったら、歩き出す直前に、「ヒール」とコトバを発します。犬が見上げながら止まらずに歩いたら、歩きながらフードを与えます。これをくり返すと、「ヒール」のコトバだけでアイコンタクトをとりながら歩けるようになります。

応用

ほかの犬とすれ違う

散歩中はほかの犬と出会っても興奮せずにすれ違うことが必要です。手とコトバの合図を出して、ほかの犬のそばを歩きましょう。すれ違っても気を取られずに歩けたら、フードを与えて褒めます。

※ほかの犬への社会化（P.82）、「ヒール」（P.106）ができるようになったうえで行うトレーニング。犬仲間と一緒に行うといいでしょう。

トレーニング 7

リードを緩ませて歩く

安全を保って散歩を楽しむには、犬がリードを引っ張らず、
飼い主の歩調に合わせて歩けることが大切。

犬がリードを引っ張ったら…立ち止まる!

引っ張られたら、左手をおへそ周辺に固定し、立ち止まります。
犬が引っ張ることをあきらめたら、再び散歩をはじめます。

リードが緩んだら進む

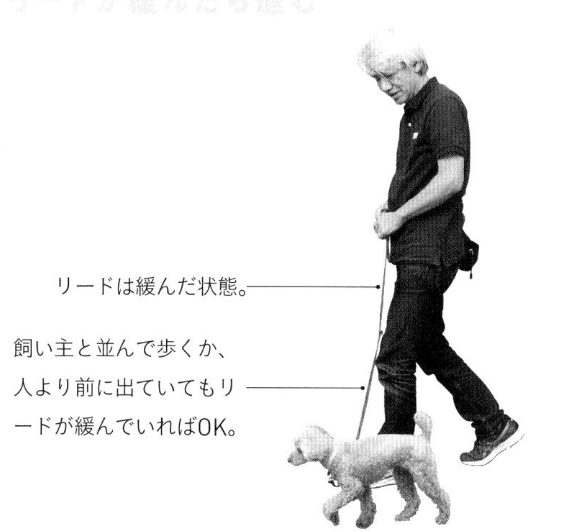

リードは緩んだ状態。
飼い主と並んで歩くか、人より前に出ていてもリードが緩んでいればOK。

リードの持ち方

P.097で記載したリードの持ち方よりも、リードの余りを長めにつくって持ちましょう。

犬に引っ張られて散歩はしない

リードが引っ張られている状態は、犬が人をコントロールしはじめている証拠。犬が引っ張りはじめたら、必ず立ち止まりましょう。これにより、STOPがかかり、犬も引っ張ると歩けなくなることを学習します。引っ張り癖のある犬は、なかなか前に進めませんが、少しずつ慣らすことが大切です。

引っ張り防止に役立つ道具

イージーウォークハーネス

ジェントルリーダー

どちらも、リードを引っ張ろうとすると胸や鼻先が飼い主のほうへ向くアイテムです。引っ張れない仕組みなので、引っ張り癖を直したいときにおすすめです。

POINT

引っ張り癖がなかなか直らないときに見直すこと

1　リード

トレーニング中は、決まった長さの中で飼い主が調整しやすい、シンプルなシングルリードがおすすめです。伸縮リードもありますが、犬がどんどん前に出てしまったり、リードが故障をしたときに事故につながるので、散歩での使用はNGです。

2　散歩前に疲れさせる、または散歩時間やコースを変更する

明日は夕方に
お散歩に行ってみよう

好奇心の強い犬や散歩前になると興奮する犬は、散歩前に「引っ張りっこ」(P.129) などの遊びで疲れさせてから散歩に行きましょう。また、毎日決まった時間や行動のルーティーンだと、覚えてしまうので、散歩時間を変えることも効果的です。

A day of toy

トイプーの1日
宇野トロちゃんの場合

am 08:00

オヤツは妹のEmmaといつも取り合い！
お姉ちゃんだから譲ってあげます。

お兄ちゃんたちとお散歩するの大好き！

am 09:00

お兄ちゃんたちといつものルートをお散歩♪

am 10:00

お兄ちゃんがかっこよく滑る姿に釘付けなトロちゃん。

am 12:00

仲良しの犬友とカフェでランチ☆みんな楽しそう！

もっと遊んで
ほしいワン！
am
16:00

ブランケットで引っ張りっこ遊びをするのにハマってます！

行きつけのサロンできれいにしてもらいました♡

pm 22:00

今日は楽しいことがいっぱいあってぐっすりおやすみ。
明日もいっぱい遊ぼうね！

pm 19:00

夏は浴衣を着てお散歩♪
ご近所の犬友にもばったり！

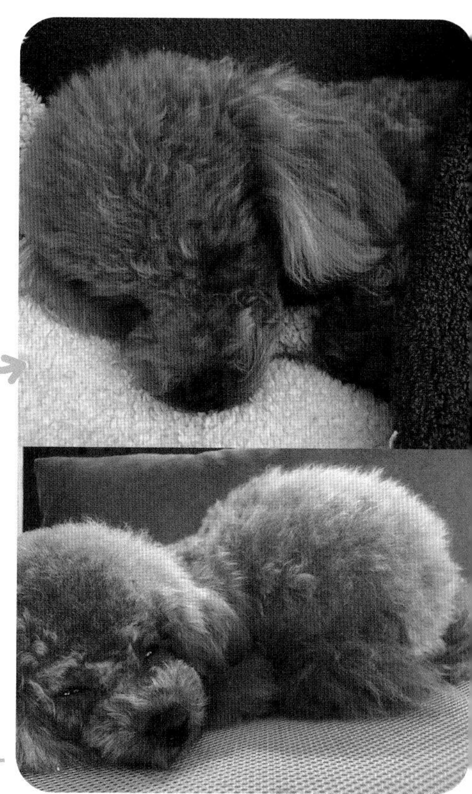

トイプーあるあるマンガ③ 吉田さんとバニラさん

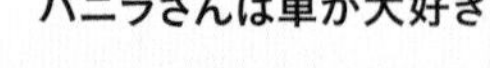

バニラさんは車が大好き!

バニラさんは車が好きです
♪

ある日の散歩道
あ
あのおうちお出かけするのかな

車ではドッグランなど楽しいところに行けるので
のりたい
また今度ね
車を見かけると乗せてもらえると思うようです

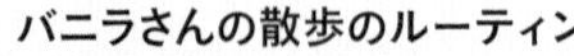

バニラさんの散歩のルーティン

夏の夕方散歩に出ると…

ひんやり♡
まずは家の前のマンホールにくっついて涼む

今度は階段の石段にくっつきます
ひんやり♡
バニラさんは涼しい場所を発見するのが得意だな

④

ワンコの日課

散歩と遊び

散歩

理想の散歩は社会化がカギ!?

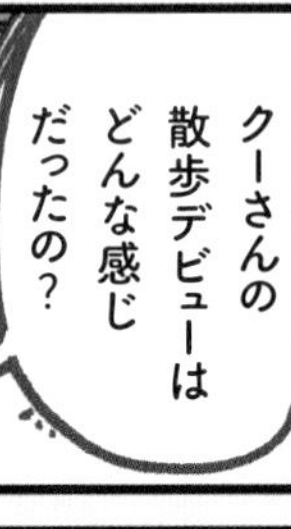

クーさんの散歩デビューはどんな感じだったの？
散歩自体は好きだったのですぐに楽しめたみたいだったんですけど……

ワンワンッ
すみませんっ
玄関から出たとき、家の近くを人や犬が通ると吠えることがあって困りました
今、振り返ってみれば社会化が不十分だったからあんな行動をしていたんだと思います
いまはほえないもんっ

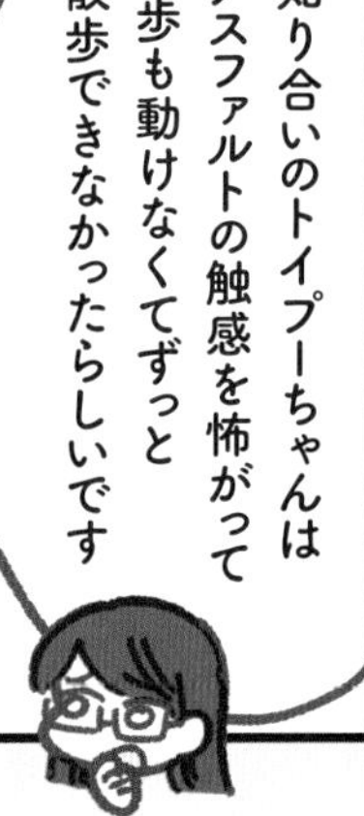

知り合いのトイプーちゃんはアスファルトの触感を怖がって一歩も動けなくてずっと散歩できなかったらしいです
ゴツゴツしてる…
なにが怖かったんだろう？不思議だなぁ…
やだよぅだっこ…

犬って人間がなにも思わないコトやモノを怖がったり興味を示したりして不思議だよね
水たまりに足入れるのイヤ…
そうなんですよ

理想の散歩はこんな感じなんですけど
犬も飼い主も社交的!
こんにちはっ
どの子とも仲良し♡
現実
うまくアイサツできる子とできない子の好みがはげしいので
先手をうって犬をさけて散歩しがち…
こそ…っ
なかなかうまくいかないですね…

理想の散歩を実現させるには社会化ができているかが重要になってくるよ
?
ここでも社会化がものをいうんですね
NEXTページ

散歩デビューは準備万端でのぞむ！

散歩の準備は新しい環境に慣れてから！

　犬を迎えると、早く散歩に行きたいと気持ちが高まります。でも、地面に下ろして外を歩かせることができるのは、ワクチンプログラムが終了し、免疫ができてから。残念ながら、そのころには社会化期は終わっていますが、散歩に慣らすのに貴重な社会化期を逃す手はありません。外を歩かせられなくても、子犬を迎えて1週間後くらいに、散歩の準備として屋外の刺激に慣らしはじめます。はじめは窓や玄関から外を見せ、次に子犬を抱きかかえて家の近所や街のさまざまなモノを見せながら歩いてみましょう。

● 3回目の混合ワクチン

● 2回目の混合ワクチン
※目安の接種時期。
実際は個体によって異なる。

3か月齢

2か月齢

社会化期

2回目の混合ワクチンから2週間経過したら清潔な場所に下ろす

ある程度免疫ができたら、汚いモノがない場所に下ろします。感染症の心配はほぼありません。

➔P.121 地面に下ろして歩かせる

抱っこやカートに乗せて外を散歩して、屋外の雰囲気に慣らす

最初は、地面には下ろさず、抱きかかえて歩いたり、カートに乗せたりして外を見せて、慣らします。

➔P.119 抱きかかえて外を見せる

混合ワクチンの接種直後は室内で安静にさせる

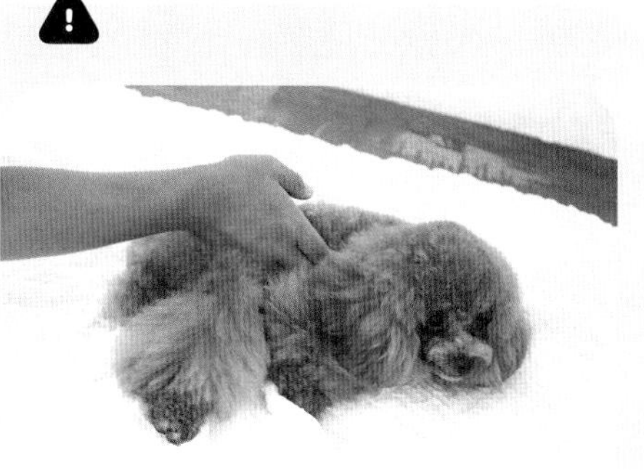

ワクチン接種をしたからといって、接種直後に散歩に出てはいけません。ワクチン接種をした日は、外出は控え、室内で安静にさせましょう。基本的に翌日から通常通りの生活に戻って問題ないはずですが、安静にする期間はいつまでか獣医師に確認しましょう。

5か月齢

4か月齢

3回目の混合ワクチンから2週間経過したら外を歩かせる

ワクチンプログラム終了。地面に下ろして歩かせることができます。はじめは、短時間で済ませ、じょじょに時間を長くします。

散歩に慣れたら

毎日の散歩中にトレーニングをする

3章のトレーニングを外で実践してみましょう。いつでもどこでもできるようにすると安心。

➔P.094 トレーニング成功の秘訣は楽しみながら行うこと!

散歩トレーニング STEP 1

最初は抱っこしながら散歩しよう！

屋外のモノを見せながらフードをあげよう！

屋外には通行人や散歩中の犬、走る車、野鳥など、犬にとってさまざまな刺激が存在します。散歩をするにはこれらのモノに慣らすための社会化が必要です。犬にとっては、静止しているモノより動きがあるモノのほうが刺激を強く感じます。動きがあるモノは、最初は離れた場所から見せてフードを与え、様子を常に確認しながら少しずつ近づきます。そして、じょじょに距離を縮めて慣らしていきましょう。静止物に対しては、近づいてから、軽く叩いて音を出し、存在に気づかせてからフードを与えるといいでしょう。

慣らしたい外の刺激

ポストやのぼり

ポストは、軽く叩いて音を出し、のぼりははためかせて、存在に気づかせてフードを与えます。これをくり返し、怖いモノではないことを教えましょう。

人混み

街中では、大きな音が聞こえ、さまざまな人が行き交うので刺激は強いです。はじめは、静かな街中に慣らしてから、人混みの刺激に慣らしましょう。

乗り物

犬を抱き上げ、窓や玄関から乗り物を見せて、フードを与えます。慣れてきたら、抱きかかえて外を歩いて乗り物を見せて、フードを与えましょう。

ほかの人や犬

出会った人からフードを与えてもらいます。散歩中の犬に出会ったら、その犬を見せながらフードを与えます。

➜P.080 人との触れ合いに慣れさせよう！

➜P.082 ほかの犬に慣れさせて友達になろう！

抱きかかえて外を見せる

STEP 1 家の中から外を見せる

犬を横抱き（P.075）にし、窓や玄関から外を見せます。犬は動くモノに注目するので、通行人や自転車、自動車などが通るごとにフードを与えましょう。

はじめて見るモノばかりだから少しずつ慣らそう！

STEP 2 抱きかかえて外を歩く

ワクチンプログラム終了前は、横抱き（P.075）で抱えるか、スリングに入れて外を散歩しましょう。はじめは、家の周辺、次に近くの交差点や商店街など刺激のレベルを少しずつ上げながら、モノを見せてはフードを与えて慣らします。

人間には想像がつかないモノを怖がることもあるよ

POINT

犬を落とさないように首輪やリードに指をかける

もし、不注意で犬を落としてしまった場合、犬は恐怖心が強くなり、社会化が後退してしまいます。ご褒美のフードを与えるときは、片手の指は必ず首輪やリードにかけておきましょう。

地面に下ろして歩かせよう

エネルギーとストレスを散歩で発散させよう

2回目の混合ワクチンから2週間経ったら、子犬の免疫力もそれなりに高くなっています。屋外の清潔な場所に子犬をときどき下ろしてみましょう。3回目の混合ワクチンから2週間経ったら免疫は十分。地面を歩かせてもOKです。

散歩はエネルギーとストレスの発散はもちろんのこと、脳に社会的刺激を与えることがメインです。また、飼い主の健康維持のためという一面もあります。

多くのしつけの本には、小型犬は室内で30分未満の散歩が適切と紹介されていますが、科学的根拠はありません。適切な散歩の時間は、犬のサイズではなく、遺伝的特性や育った環境、つちかってきた筋肉量で決まると考えられます。トイプーであれば、30分×2回程度の、飼い主にとって適切な運動量を基準にすることをおすすめします。散歩をした後もまだ運動したりない様子のときは、「引っ張りっこ遊び」(P.129)などで運動量をかせぎましょう。

ただし、室内での遊びでは得られないのが、散歩での「社会的な刺激」です。景色の変化や日々変わっていく街のにおい、風などを感じて歩くことが脳によい刺激を与えるのです。ですから高齢犬になっても散歩はできるだけ続けるのが望ましいです。

地面に下ろして歩かせる

2回目の混合ワクチンから2週間後…
清潔な場所に下ろしてみる

抱きかかえて外を歩いて屋外での社会化を行いながら（P.119）、地面の感触に慣らすために、感染症のリスクが少ない清潔そうな場所があればときどき犬を下ろしてみましょう。地面に下ろしたら必ずご褒美のフードを与えます。電信柱や草むらに下ろすことは、ほかの犬の排泄物がある可能性が高いので避けましょう。マンホールや石畳など、さまざまな感触の場所に下ろして、「マグネット遊び」をさせながら通過させてみます。

➔P.098 マグネット遊び

いろんな感触の素材

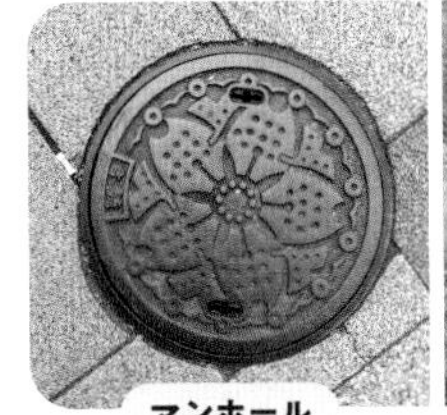
マンホール

石段

石だたみ

草むら・土

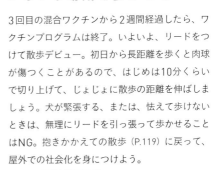

3回目の混合ワクチンから2週間後…
いろいろ場所を歩かせる

3回目の混合ワクチンから2週間経過したら、ワクチンプログラムは終了。いよいよ、リードをつけて散歩デビュー。初日から長距離を歩くと肉球が傷つくことがあるので、はじめは10分くらいで切り上げて、じょじょに散歩の距離を伸ばしましょう。犬が緊張する、または、怯えて歩けないときは、無理にリードを引っ張って歩かせることはNG。抱きかかえての散歩（P.119）に戻って、屋外での社会化を身につけよう。

➔P.097 リードの持ち方

帰宅後のケアもぬかりなく！

タオルやウエットシートに慣らす

1 **たたんだタオルを見せてフードを与える**

タオルが動くとじゃれるので、はじめはたたんで左手に持ち、それを見せながらフードを与えます。

2 **タオルを少しずつ広げてフードを与える**

たたんでいたタオルを少しずつ広げます。それを見せながらフードを与えます。

3 **フードを与えながら背中にタオルをのせる**

フードを食べさせている間に、背中にタオルをのせます。大丈夫そうならタオルを動かします。

散歩後のケアに必要なもの

スリッカーブラシ

タオルやウエットシート

コングを活用しながら、体を拭く

サークルに挟む

犬の鼻の高さに合わせ、フードを塗ったコングをサークルに挟みます。コングをなめている間に、足や体を拭きます。

膝の間に挟む

フードを塗ったコングを膝に挟み、なめている間に体や前足を拭きます。目のケアにも最適です。

足で踏む

フードを塗ったコングを足で踏みます。犬がコングをなめている間に後ろ足や背中を拭きます。

コングを手で持つ

フードを塗ったコングを手で持ちます。犬がコングをなめている間に背中を拭きます。

散歩後の身体ケア

1 足

汚れや雑菌が肉球についているので、散歩後は必ず足裏を拭いて清潔に保ちましょう。

2 ブラッシング

散歩で付着したゴミを取り除きます。清潔を保てるほか、皮膚炎も予防できます。

POINT

足を拭いて怒るときはタオルの上を歩かせてみる

社会化期が過ぎて社会化が不十分だと、足を拭こうとすると怒る犬も。そうした犬は足拭きをしばらくやめましょう。散歩後は除菌剤を染み込ませたタオルの上を歩かせて室内へ入れましょう。そして足に触られることから少しずつ慣らします。

➔P.074 触られ慣れることは社会化の基本の「き」！

マナーを知って楽しく散歩しよう！

排泄は散歩前&室内が本来の公共マナー

散歩前に排泄を済ませることが、本来の公共マナー。「散歩＝排泄の時間」と覚えると、頻尿になったとき何度も屋外に連れ出すことに。排泄は室内でするようにしつけましょう。

しかし、マーキング癖のある犬は屋外で排泄をしたがります。住居や店前は避け、排泄物は必ず飼い主が始末すること。また、犬が苦手な人やアレルギーを持つ人もいるので、犬が通行人に自ら近づかないようにトレーニングし、狭い道では犬と通行人の間に飼い主が入ってトラブルを防ぎましょう。

散歩の持ち物と守るマナー

持ち物

オシッコは水で流す

道路脇の溝や排水溝のそばで排尿させ、終わったらペットボトルの水で洗い流します。

うんちは持ち帰る

トイレットペーパーでつかみ、ビニール袋へ入れます。マナーポーチに入れてにおいをシャットアウトしましょう。

散歩のスタイル

手をふさがないバッグを使う

ボディーバッグやウエストポーチなど、両手をふさがない小さめのバッグに散歩用品を入れて持ち歩きます。

リードは正しく持つ

犬の安全や、ほかの人に迷惑をかけないために、リードはしっかり握ります。ローリングリードや伸縮リードは使わないようにしましょう。

→P.097 リードの持ち方

鑑札と狂犬病予防注射票を首輪につける

鑑札と狂犬病予防注射票の装着は法律により義務づけられています。迷子になってしまっても、鑑札の登録番号から飼い主がわかります。

犬を店の外につながない

犬を店の外につないで買い物をすることは違法です。店に出入りする人の迷惑になるだけでなく、愛犬が連れ去られてしまうこともあります。マナーとしても犬の安全面としても、犬から目を離す行為はやめましょう。

遊び

遊びのコツは取引だった!?

懐かしいなぁ
この紐のおもちゃ
今はもう
すっかり遊ばなく
なったけど
子犬のころは
よく引っ張りっこ
して遊んでました

だけど興奮しすぎて
「はなせ」って
教えようとしても
はなしてくれなくて
もう
おしまい!
ガッ
「はなせ」
「はなせ」
よー
無理やり奪うと
ガッて威嚇するし…

ほっ
ガッ
ガウッ
「犬から骨を奪う
おもちゃ」みたいに
いかに隙をついて
素早く紐を奪うかの
危険なゲームに
なってましたね…
もはや別の
遊びになってるね

遊ぶときは興奮しすぎる前にクールダウンをしてあげることが大切だよ

クールダウンするにはどうすればいいんですか?
ほかの「いいこと」を与えることだね
フードを与えれば口を緩めておもちゃを離してくれるんだ

そうか!

おもちゃとフードを取引で交換すればよかったのか…!
交渉成立だ…!
なぜマフィア風!?

興奮とクールダウンの手綱をとろう

楽しく犬と遊ぶコツは適度なクールダウン

遊びのコツを知らないと、遊びに夢中な犬に、手を咬まれることがあります。コツは、興奮しすぎる前にクールダウンをすること。犬によっては、ある一定のラインを超えると「ケダモノ状態」となり、手がつけられなくなり、なかなか落ち着くことができなくなることも。おもちゃで遊ぶときは、興奮状態を超える前に、おもちゃを離すように誘導して遊びを中断させましょう。中断させるサインは、唸りはじめる、首をブンブンふるなど。いったん中断した遊びは、犬が落ち着きを取り戻したら再開します。

遊びの心得

心得 1

はじめはリードつきで遊ばせる

リードなしで遊ぶと、犬が飼い主からはなれたときに、人が追いかける形に。すると、「遊び＝追いかけっこ」と認識し、おもちゃをくわえると飼い主から逃げるようになります。

心得 2

飽きるまで遊ばせない

少し物足りないぐらいのタイミングで遊びは終了。飽きるまで遊ぶと、次に遊んだときに遊びにのってこないこともあります。

心得 3

おもちゃは使わないときはしまう

遊ばないときはおもちゃをしまいます。これにより、飼い主と一緒じゃないと楽しい遊びはできないと覚えます。また、おもちゃは大きいものを用意しましょう。小さいとフードとの交換が難しくなります。

STEP1 遊びの基本「引っ張りっこ遊び」

1

おもちゃに注目させる

オスワリをして落ち着いたら遊びをスタート。まずはおもちゃに注目させましょう。

2

おもちゃを動かして遊ぶ

「スタート」と合図し、おもちゃを動かします。おもちゃの動きに工夫をつけましょう。

3

興奮してきたらクールダウン

唸りながら引っ張り出したら、フードを取り出して握り込み、鼻先に手を近づけます。

4

フードとおもちゃを交換

口を緩めたらおもちゃとフードを交換。落ち着いたら、遊びを再開。**1**～**4**をくり返します。

STEP2 コトバの合図「チョウダイ」を教える

STEP1をくり返し、犬がすんなりおもちゃを放すようになったら、フードを握り込んだ手を近づける直前に「チョウダイ」といいます。これを覚えると犬は「チョウダイ」のコトバを覚え、おもちゃを放すようになります。

ひとり遊び用のおもちゃ

コング

天然ゴム製の丈夫なおもちゃ。噛んだり、中にあるフードをなめながら遊べます。

➜P.061 コングの使い方

コングワブラー

転がしながら中に入っているフードを少しずつ取り出して食べられます。

タグアジャグ

うまく転がせると、フードが出る知育おもちゃ。犬が頭を使いながら遊べます。

もっと愛犬との絆が深まる遊び

8の字足くぐり　準備するもの…フード

1

フードのにおいで誘って両足の間をくぐらせる

両足を開いて立ち、腰をかがめます。フードを握った手を犬の鼻先に近づけ、においをかいできたら、足の間をくぐらせるようにフードで誘導。

2

左右の足の周りを1周させる

フードを握った手で円を描くように誘導して、片足の周りを1周させます。次は、8の字を描くように両足の間をくぐらせます。

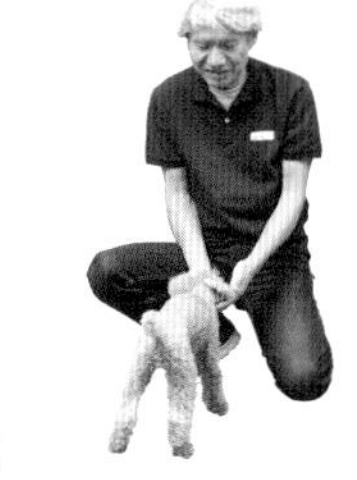

3

褒めてご褒美のフードを与える

1と**2**をくり返し、誘導に使っていたフードをご褒美として与えます。褒めコトバ+なでるも同時にすることをおすすめします。

足ジャンプ　準備するもの…リード、フード

1

リードをつけてフードで興味を引く

どこかへ行かないように、リードを装着。両足を開いて座り、軽く膝を曲げ、愛犬の鼻先にフードを握った手を近づけます。

2

フードで誘導し、ジャンプをさせる

フードのにおいで興味を引いて、その手を膝の形に合わせてアーチを描くようにして、足の間に素早く移動。手につられて膝を飛び越えます。

3

ジャンプで往復させる

2と同様に誘導し、反対側の膝をジャンプさせます。これを何度かくり返します。最後にご褒美のフードを与えましょう。

フード探し　準備するもの…紙コップ6個、フード

1

においがわかるように穴をあける

フードを犬がたどれるように、3つの紙コップの中央に穴をあけます。穴は小さいほど、遊びの難易度が高くなります。

2

紙コップを並べ、フードに注目させる

オスワリをさせて、目の前で紙コップを3つは立て、穴をあけた3つはねかせて並べます。手にフードがあることを確認させます。

3

犬の目の前でフードを隠す

犬の前で立てた紙コップを1つ選び、底面にフードをのせます。その上にねせた紙コップを1つ重ね、残りも同様に重ねます。

4

3組の紙コップの位置をシャッフル

フードをのせた紙コップをわからなくするため、3組の紙コップの位置をシャッフル。はじめてのときは、動かさなくてもOKです。

5

コトバの合図で愛犬に探させる

「探して」などのコトバの合図でフードを探させます。犬が3つの紙コップのにおいをそれぞれかぎ、1つのコップに執着を見せたり、倒したりしたら選択した合図です。

6

底にフードがあったら正解

犬が選択した紙コップのフタをはずします。紙コップの底にフードが入っていたら、「アタリ」と犬にいって、喜んであげましょう。

7

ご褒美のフードを与えて褒める

紙コップのフードを与えて、褒めます。不正解だったら、フードは与えず、再度挑戦してみましょう。この遊びは飼い主の動きに注目させるトレーニングにもなります。

マナー

おでかけを楽しい思い出にしよう！

クーさんとくらすようになってからは犬と同伴ＯＫな旅行先を選ぶようになりました
那須や熱海などいろんな場所へ行きました

ペットホテルはほかの犬のにおいが残っていてクーさんが落ち着かないので
旅行の準備はしっかりしていきます

出発日の
「僕は連れて行ってくれるの!?」という
不安そうな顔からの
今日はクーさんも一緒だよ！
喜びようったらないです

ホテルに泊まった日は
興奮しすぎて
寝れなくなる
こともありました
寝てくれ!!

それでも
喜んでくれる
姿を見ると
お互いの
限りある人生の中で
同じ景色を見れて
よかったなぁと
しみじみ思うのです
これからも
クーさんと思い出を
つくっていきたいです

「オイデ」をマスターして、ドッグランへ行こう！

トラブルを防ぐためにも「オイデ」の習得は確実に

ノーリードで運動ができるドッグランは、犬が楽しく遊べる場所のひとつ。しかし、犬どうしのケンカや咬傷事故も起こる危険な場所でもあります。ペット推進国の欧米では確実な呼び戻し「オイデ」ができることが入場条件となっていますが、日本のドッグランにはそういったルールがなく、犬どうしの争いが起きても止めることができない状態。もし連れて行くのであれば、犬が遊んでいても「オイデ」で確実に呼び寄せることができるように、しっかりトレーニングしておきましょう。

犬嫌いの犬には逆効果になることも

犬嫌いを克服させようと、飼い犬をドッグランに連れて行く人がいますが、ただドッグランに放り込むだけではますます犬が苦手になるだけ。ほかの犬への社会化は、飼い主がコントロールできる状態で行うのが鉄則です。

本来、飼い主と遊べていれば、犬どうしで仲良くしなくてもいいもの。しかし、ほかの犬に会うたびにおびえていると、ストレスがかかるので、ほかの犬への社会化は必要です。「仲良くする」ことと「社会化」の違いを区別しましょう。

➜P.082 ほかの犬に慣れさせて友達になろう！

ドッグランでの注意

✓ 発情期や感染症にかかっているときは連れていかない

発情中のメスがいると、オスは興奮してしまいます。こうなると、オス同士での争いや、メスと交尾をして妊娠させることもあります。発情出血開始から4週間程度はドッグランへ連れていくのは控えましょう。また、ドッグランは多くの犬がいるので、感染症をうつすより、うつされるリスクが高くなる場所です。このような危険が伴うことも考慮したうえで、ドッグランを利用しましょう。

✓ 入場前に排泄を済ませる

ドッグランに入場する前に排泄は済ませておくことは基本マナーです。もし、利用しているときに排泄をしてしまった場合は、すみやかに処理をしましょう。

✓ 愛犬から目を離さない

ドッグラン内でトラブルが起きることはとても多いです。すぐに対処できるように、飼い犬から目を離さないこと。おしゃべりや、スマホに熱中しすぎないように注意しましょう。

✓ おもちゃの持ち込みルールを守る

犬どうしのケンカを避けるために、おもちゃの持ち込み禁止、または種類を限定しているところがあります。利用するドッグランの規則を事前に把握しておきましょう。

✓ フードの持ち込みのルールを把握しておく

おもちゃ同様、犬用フードの持ち込みも禁止しているドッグランは多いです。もちろん、人間の食べ物の持ち込みや飲食もドッグラン内では禁止されています。

ドッグカフェに行こう！

楽しく過ごすカギはトレーニング&マナー

犬と一緒に入店できるドッグカフェがたくさんある一方、普通のカフェでも、テラス席なら犬もOKのところは多いようです。犬と一緒にランチをすることや、犬仲間と集まっておしゃべりすることは、とても楽しいもの。そんな、さまざまな夢が広がるドッグカフェですが、こちらもドッグラン同様、多くの犬や人が集まる場所であるため、社会化やトレーニングがきちんとできていないと、トラブルをまねくことや、迷惑をかけることにつながります。社会化やトレーニングをマスターして、入店中におとなしく待っていられるようになってから、利用することをおすすめします。

もし、社会化やトレーニングが身についておらず、犬が騒ぎ続けていると、早々に退店しなければならないこともあります。愛犬とともにカフェを楽しめるかは、トレーニングのできにかかっているといっても、過言ではありません。

また、ドッグカフェにおいてはマナーも大切です。マーキング癖のある犬は、マナーベルトをする、抜け毛が落ちないように服を着せるなど、店側やほかの客に対する配慮が必要です。これは、どの飼い主にも共通していえることなので、みんなが気持ちよく利用できるように心がけましょう。

飼い主も犬も気が楽なので、隣の席との間隔が広く開けられているオープンカフェなどの利用がおすすめです。愛犬とのカフェ利用がはじめての場合、店内の利用よりもオープンカフェから慣らしていくのもいいかもしれません。

ドッグカフェでのマナー

✓ 犬から目を離さない

隣の人や通りすがりの人にちょっかいを出すこともあるので、常に愛犬の様子の見守りを。おしゃべりやスマホに興じるのはNGです。

✓ 服を着せて抜け毛を防止する

抜け毛の飛び散りを防ぐために、服を着せましょう。マーキング癖のある犬はマナーベルトも忘れずに。

➜P.084 服に慣らしておしゃれを楽しもう

✓ リードは専用フックにつなぐか、手に持つ

リードをつなぐ専用フックがあれば、店のルールに従ってフックにつなぎます。なければリードを短くして手に持ちましょう。

✓ 犬用のフードや水は床に置く

フードや水の器は、床に置いて食べさせるルールにしている店が多いようです。持ち込みのフードを禁止している店もあるので、行く前に確認を忘れずにしましょう。

✓ 犬は足元の床でフセで待たせる

基本的には店のルールに従いますが、足元にステイマットを敷き、その上にフセをさせます。カートに犬を入れている場合、飼い主の手の届く場所に横づけしましょう。

ドライブに慣らして、旅行へ行こう！

ドライブの慣らし方

1
音に慣らす

車のエンジン音や走行音などを録音して聞かせます。

→P.078
さまざまな生活音に慣らそう！

2
エンジンをかけずに車内でトレーニング

犬をクレートに入れて車に乗せます。クレート・トレーニングをします。

→P.069
クレートを嫌がる犬のクレート・トレーニング

3
エンジンをかけた車内でクレート・トレーニング

2の状態で待機できるようになったら、車を止めたままエンジンをかけて、クレート・トレーニングをします。

4
車を動かす

3の状態で待機できるようになったら、短距離から、少しずつ移動距離を伸ばし、車を動かします。30分酔わなければ、車酔いの心配はいりません。

ドライブで気をつけること

- ✓ 車内ではクレートから出さないようにする
- ✓ 酔い止めを用意する
- ✓ 車内に放置しない

ホテルでのマナー

いつものクレートを寝床にする

使い慣れたクレートがあれば、知らない場所でも落ち着ける可能性が高いです。クレート好きにするトレーニングは旅行には必須。

➜P.069 クレートを嫌がる犬のクレート・トレーニング

ベッドの上に犬を乗せない

ベッドの上に犬を乗せることを禁止している施設は多いです。OKの場合でも、持参したシーツを敷くなどして、施設内の備品に抜け毛や汚れの付着を防ぐようにしましょう。

いつものフード皿と水入れ皿を用意

自宅で使っているものを持ち込んで与えれば、犬は安心します。

犬の排泄物は指定された場所に捨てる

使用済みのペットシーツやうんち袋は持ち帰るか、施設内で指定された場所に捨てましょう。客室にあるゴミ箱には捨てないように。

トイレトレーを用意

クレートから離れた場所にトイレトレーを設置。マーキング癖のある犬はマナーベルトをつけましょう。

犬の浴室立ち入りは禁止の場合も

浴室は犬の立ち入りを禁止しているところが多いです。ペット専用の浴室がある施設もあるようなので、事前に施設ルールの確認を。

施設が用意した人間用のタオルは犬に使用しない

人用に用意されているタオルなどを犬に使うことはマナー違反。持参した犬用タオルか、施設でペット用に用意しているものを使いましょう。

愛犬とレジャーを楽しもう！

トイプーとの生活での楽しみのひとつは、一緒に出かけること！
広い場所で思い切り走る愛犬の姿を見るのは嬉しいものです。
最近では犬と一緒に泊まれる宿などもたくさんあります。
どこへでも一緒に出かけられるトイプーぐらしを目指しましょう。

初詣
人が
いっぱいで
にぎやかだ
ワン！

海

水が冷たくて
気持ちい～

いい
眺め〜

山頂

滝

水遊び
タノシー!

川

花畑

きれいな
花畑だワン！

お出かけ好きなバニラさんのある日

いいことが起こるとわかるバニラさん

⑤

健康維持&おしゃれ

トイプーのケア

ケア
愛らしいルックスはケアのたまもの

トイプーは「被毛の手入れ（ブラッシング・シャンプー・カット）」や

「耳」、「目」、「口」のケアが大切です

トイプーはシングルコート

シングルコート
トイ・プードルなど
上毛のみ
一年中あまり毛が抜けない

ダブルコート
柴犬など
上毛+下毛
季節により毛が抜ける

なので換毛期の抜け毛が少ないことがメリットです

しかし抜け毛が少ないということは暑い夏や寒い冬で毛量を調整する必要があります

Summer

クーさんは夏はサマーカットにして

WINTER

冬はあったかくなるように長めに毛をカットしてもらいます

またトイプーの耳は外側だけでなく耳の内側にも毛が生えています

そのため耳アカが外に出にくい構造になっているので
鼓膜付近に汚れが溜まりやすいのだとか
汚れを放置すると外耳炎になることも
耳をやたらとかゆがっていたら病院へ!

また、涙やけのケアや丈夫な歯を保つために歯みがきもかかせません

歯みがきは子犬時代に慣れさせないと

ハミガキガム

おいしいハミガキ粉

シャッ

シャッ

クーさんのように歯みがき大嫌いな子になりますよー

でも日々がんばっています!

もし自分で手入れができない場合は無理やりやって仲が悪くなっちゃうよりは

動物病院やペットサロンにやってもらいましょう!

日常の手入れに必要なグッズ

シャンプー用品

シャンプー

多少高価でも、肌にやさしい低刺激で質のよい商品を選びましょう。

リンス

シャンプーと同じラインナップの商品を選ぶと、よい効果が期待できます。

手桶や泡立てネット

シャンプーを泡立てるときにあると便利です。

ブラッシング用品

スリッカーブラシ

毛のもつれをほぐし、汚れや抜け毛を取り除くブラシ。大きさはさまざまあるので使い分けが必要。

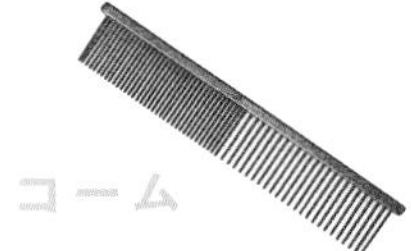

コーム

毛のもつれをチェックし、毛の流れを整えるブラシ。スリッカーブラシとセットで使います。

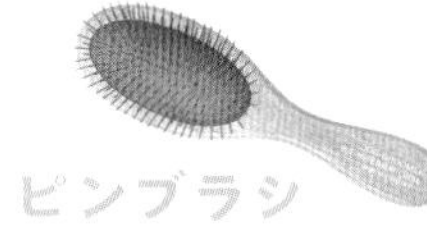

ピンブラシ

長毛種の犬によく使うブラシ。大きさはざまざまあるので使い分けが必要。

犬にも使える家庭にあるお役立ちアイテム

ドライヤー

シャンプー後に濡れた毛を乾かすのに必要。

コットン

耳そうじや目のお手入れに使います。化粧用のコットンでOK。

タオル

シャンプーや散歩の足拭きなどに使います。洗いざらしのものは避けて。

耳そうじ用品

イヤーローション

耳そうじ用のローション。綿棒や犬の耳に直接垂らして使います。

コットン

家庭にある化粧品用コットン。

歯みがき用品

歯みがきペースト

塗るだけでも、歯周病予防効果があります。

歯みがきシート

犬専用の歯みがきシート。指にまいて、犬の歯をみがきます。

歯ブラシ

犬用の歯ブラシは、ヘッドの小さいものを選ぶようにしましょう。

目まわりのケア用品

涙やけ用ローション

涙で目の周辺の毛が変色するのを防ぐ専用ローション。

POINT

必要に応じてそろえたいアイテム

定期的にトリミングを行うので、基本的には爪切りやトリミングは不要。ただし、家庭でも手入れをしたい場合や老後の負担を減らす目的で道具の使い方に慣れるために、用品をそろえることはおすすめです。

部分トリミング用品

● **バリカン**

ハサミよりバリカンのほうが確実に毛をかることができます。

● **ハサミ**

ハサミは小さめのものを選び、切れ味の悪いものは避けましょう。

爪切り用品

● **爪切り**

犬専用の爪切り。

● **ヤスリ**

切った爪の切断面を整えるのに使います。

● **止血剤**

血管や神経が通っている犬の爪を切るときの必需品。切りすぎて血が出たときに使います。

体のケア用品に慣らそう！

慣れないうちはプロに任せよう！

体の手入れを行うには、ケアに慣らす、社会化が最優先です。慣れていないうちに無理に行うと、痛みや恐怖のイメージが犬に植えつけられてしまい、体の手入れを嫌がるようになります。こうなると、咬みつくなど攻撃性が高くなる犬も。

しかし、爪切りやトリミングなどどうしても必要なケアはあります。慣れないうちは、ペットサロンなどのプロに任せ、行きつけのサロンを開拓しましょう。また、飼い主もケアの技術を習得する必要があります。犬とともに慣れるトレーニングをしましょう。

ブッラッシングに慣らす

1

ブラシを見せて フードを与える

ブラシを持ち、犬に見せてはフードを与えるをくり返します。

2

フードを与えながら 犬の背中にブラシをあてる

フードを与えながらブラシをの背を動かさないであて、嫌がらなかったらピン側も同様にあてます。

3

コングをなめさせながら ブラッシング

ブラシを気にしなくなったら、少しずつ動かします。気にしたら、知らんぷりし、隠す。コングをなめさせながら行います。

➔P.061 コングの使い方

各ブラシの使い方

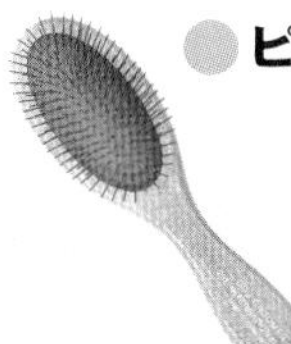

ピンブラシ

被毛を傷つけにくくきれいにとかせます。ブラシ選びは犬の大きさに合わせて。

スリッカーブラシ

毛玉や下毛をとるときに使うブラシ。巻き毛を伸ばしながら乾かすときにも最適。

持ち方

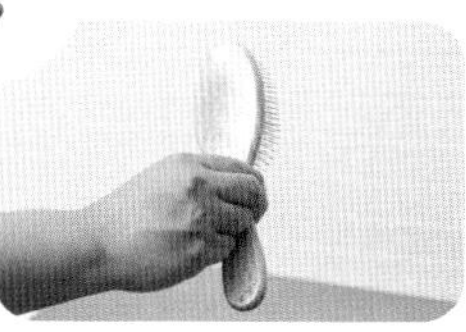

指3本でブラシの柄を持ちます。被毛は、ブラシのピンの中央から半分を犬にあててとかすようにしましょう。

持ち方

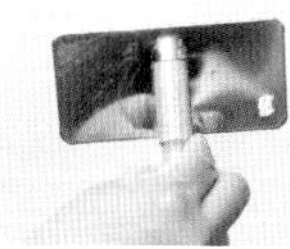

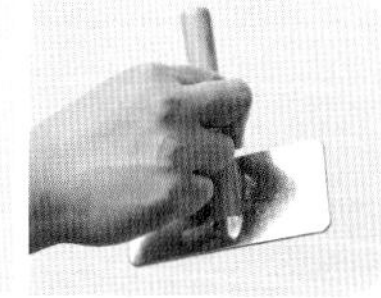

指3本でブラシの柄を支えるように持ちます。ブラシは方向を変えながら持つが、常に3本指で持ち、回転させるように動かします。

とかし方

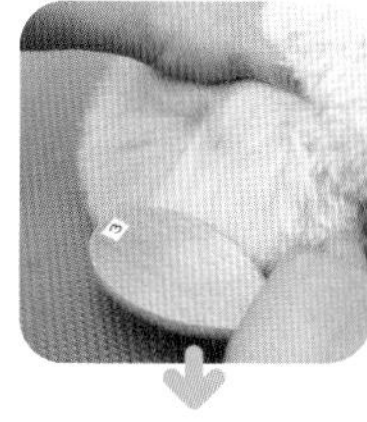

1

毛先からとかす

被毛をめくり、根元が見えたら毛先からとかします。

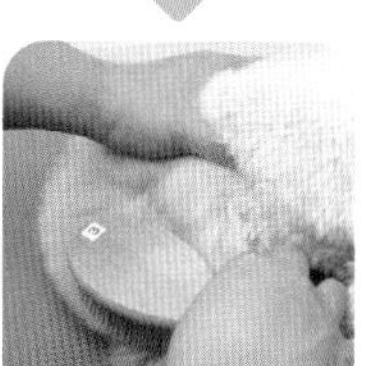

2

毛の根元をとかす

毛先をとかしたら、少しずつ毛の根元に向かって、とかします。

とかし方

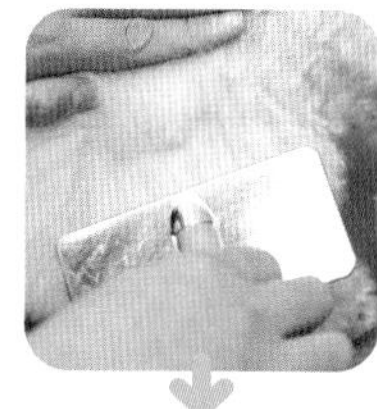

1

毛先からとかす

被毛をめくり、根元が見えたら毛先からとかします。

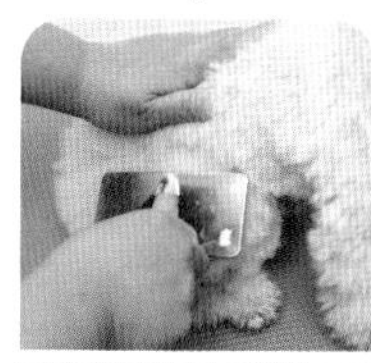

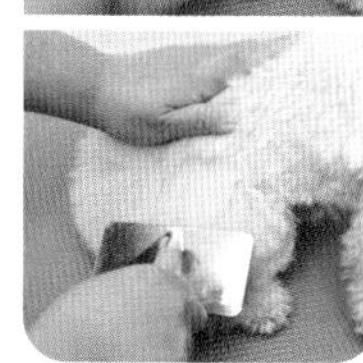

2

上の毛をとかす

1 がとかせたら、少しずつ上の毛もとかしていきます。

コーム

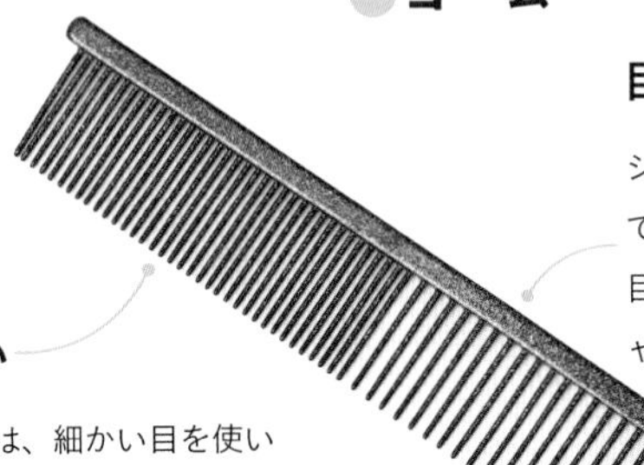

目が粗い

シャンプー前は、皮脂の汚れなどでコームが通りづらいため、粗い目を使います。粗い目が通ればシャンプーをしてOK。

目が細かい

シャンプー後は、細かい目を使います。細かい目がすんなり通れば、毛玉やもつれがない証拠なので、手入れは完了と判断ができます。

持ち方

細かい目を使う

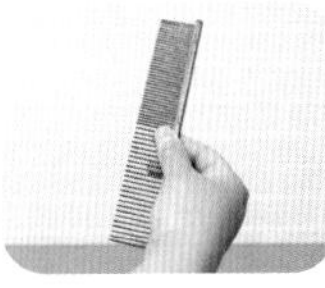

粗い目を使う

コームの中央をもって使おう

指3本で持ちます。細かい目を使うときは、粗い目に差しかかる部分、粗い目を使うときは、細かい目に差しかかる部分を持ちます。

とかし方

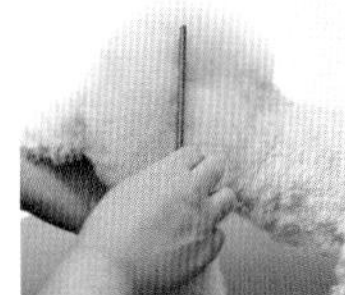

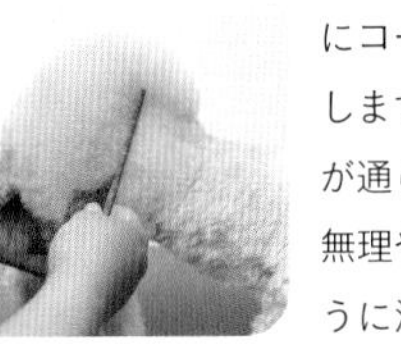

体に対して垂直に当て、とかす

犬の体に対して、垂直にコームをあててとかします。もし、コームが通らなかった場合、無理やりとかさないように注意。

POINT

コームはブラシとセットで使う

　コームとブラシは必ずセットで使います。もし、コームを使っているときに毛が引っかかったら、コームでとかすのをやめ、スリッカーブラシかピンブラシでもつれをほぐしてから、コームで毛を整えましょう。

コームは毛のもつれを確認するものだよ

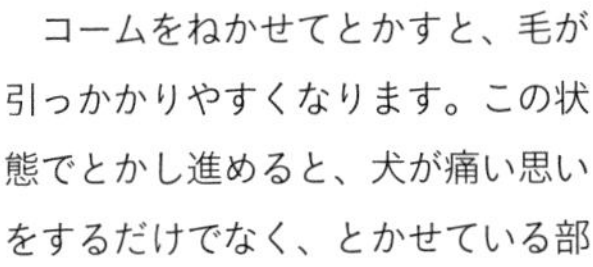

NG!

コームはねかせて使わない！

　コームをねかせてとかすと、毛が引っかかりやすくなります。この状態でとかし進めると、犬が痛い思いをするだけでなく、とかせている部分ととかせていない部分ができ、きれいに被毛が整いません。

×

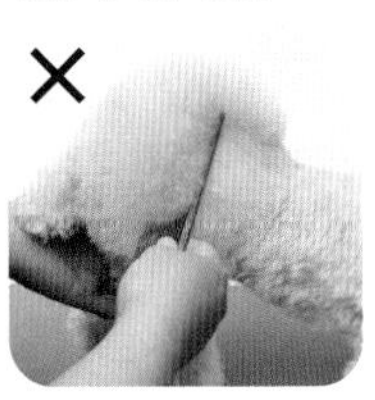

ブラッシング手順

1　背中をとかす

被毛をめくり毛先から背中をとかします。

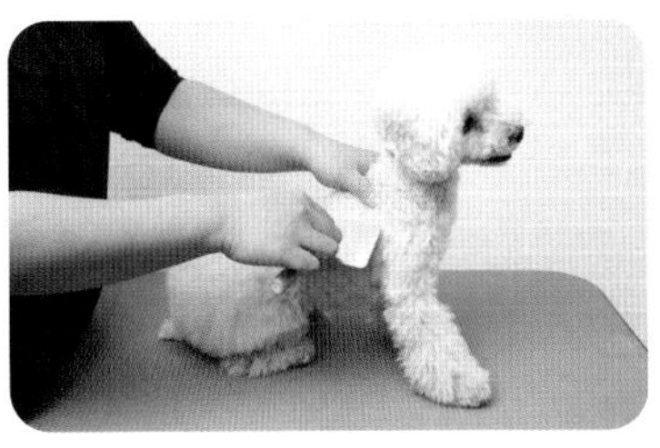

2　胸をとかす

あごや顔を支えながら、とかします。

3　脇をとかす

足を持ち上げるときは注意が必要。持ち上げ方は、両足と片足ずつどちらでもOK。脇は毛玉ができやすいのでよくとかします。

→P.155 毛玉のほぐし方

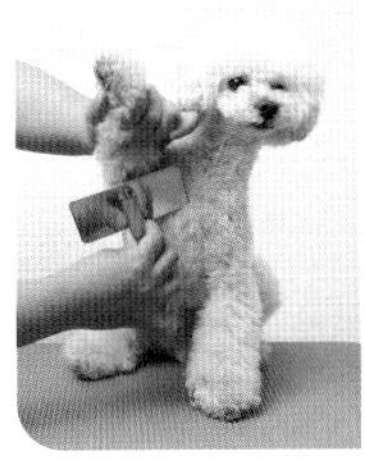

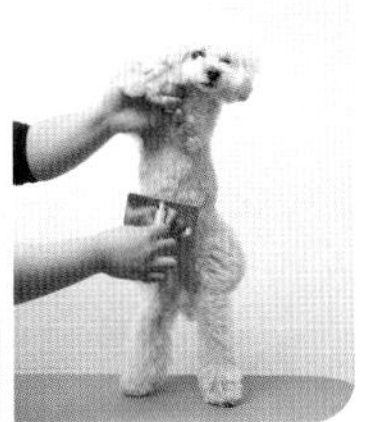

4　前足をとかす

脇と同様、毛玉ができやすい部位。力を入れすぎないように注意しましょう。

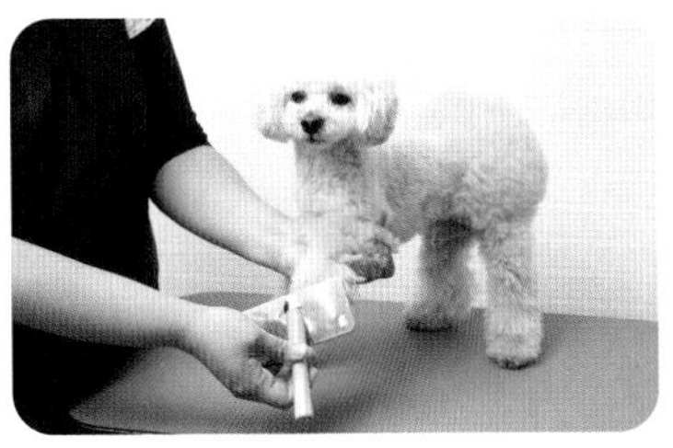

5　後ろ足と内股をとかす

足の持ち上げ方に注意して、とかす後ろ足と反対側の足を持ち上げて内股をとかします。

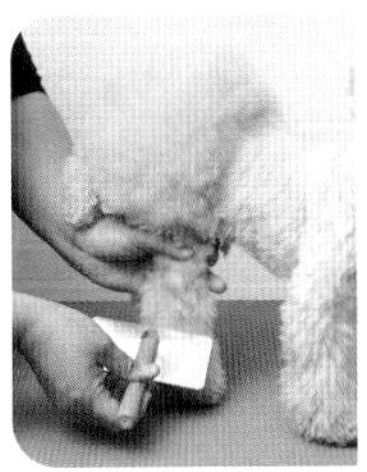

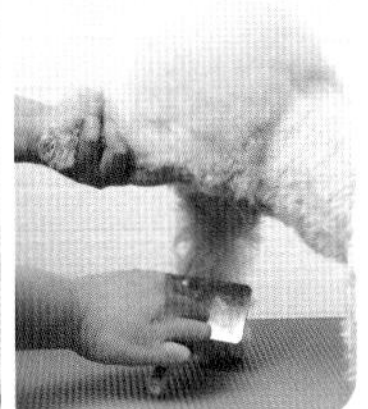

6　しっぽをとかす

しっぽの根元をおさえながらとかします。

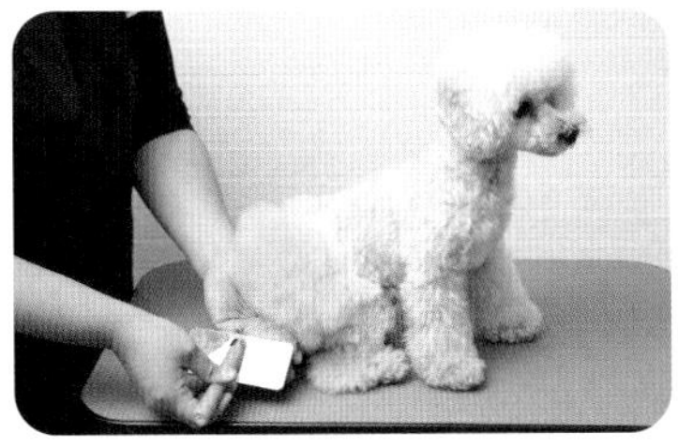

7　おしりをとかす

おしりも毛玉ができやすい部位。ていねいにやさしくとかしましょう。

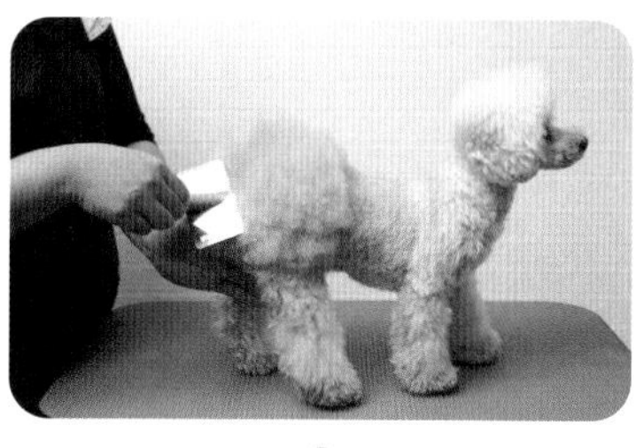

8　耳と頭の後ろをとかす

耳と頭の後ろをとかします。耳裏もとかすのを忘れずに行いましょう。

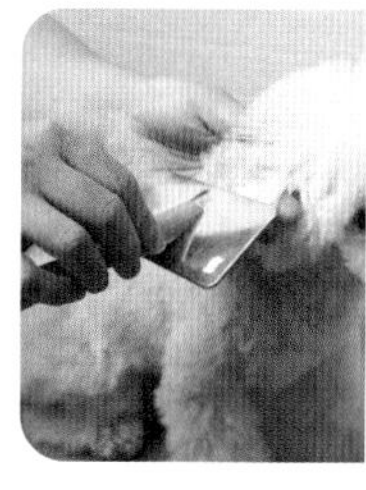

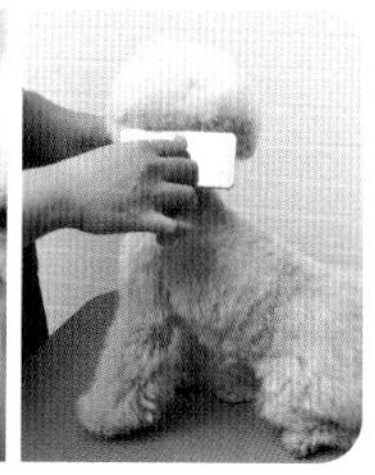

9　顔をとかす

あごの毛をつかまれるのを嫌がる犬も多いです。力を入れ過ぎないように注意して、片手であご、もしくは首をやさしく支えて、安定させてとかしましょう。

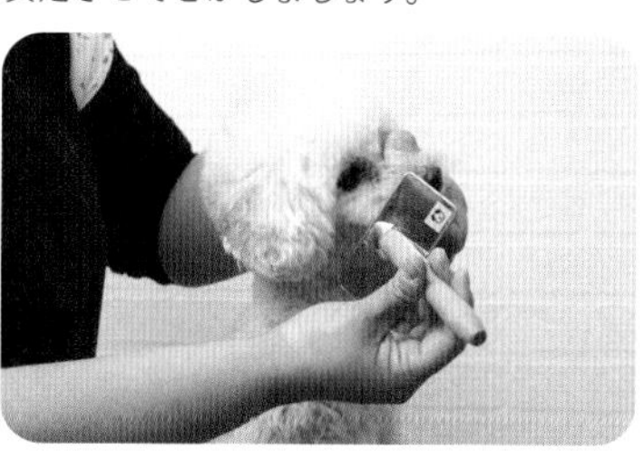

10　仕上げ

全身をコームでとかします。引っかかったら引っ張らずに、再度ブラシでとかします。

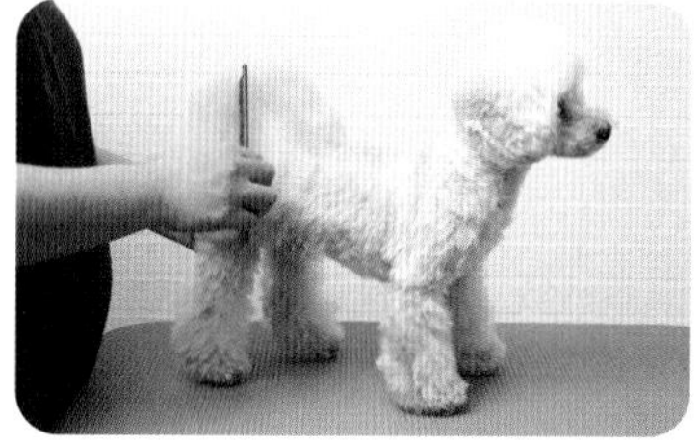

POINT

顔をとかすときはコームを使おう

プロは技術があるので、目元付近などもスリッカーブラシでとかしますが、素人では慣れないと難しいです。なので、顔はコームでとかすことをおすすめします。ただし、もつれや毛玉があった場合は、小さいスリッカーブラシを使いましょう。

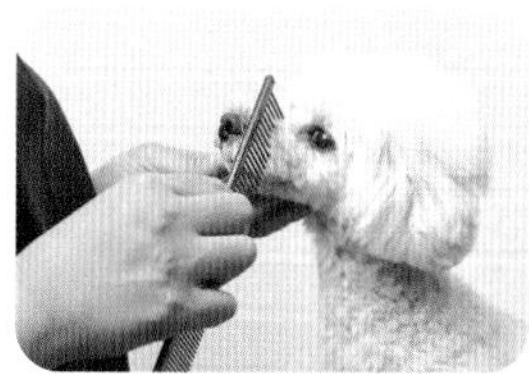

スリッカーと
コームを
使い分けよう！

トイプーは毛玉ができやすい

トイプーの毛は、細いため絡まりやすく、毛玉ができやすいです。
小さな毛玉を放っておくと、さらに毛やホコリも巻き込みながら絡まり、フェルト状になります。また、毛玉ができた部分に新鮮な空気が入らず、皮膚炎になることもあるので、毛玉には注意しましょう。

毛玉ができやすい部位

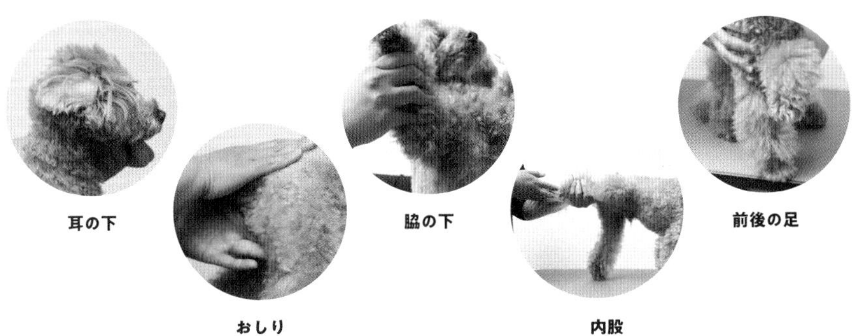
耳の下
おしり
脇の下
内股
前後の足

毛玉のほぐし方

1 はじめにスリッカーブラシでほぐす

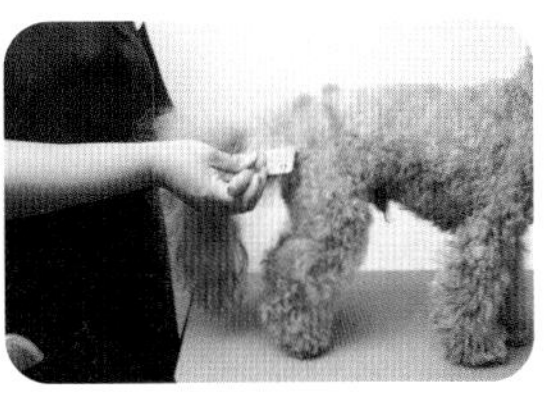

↓

2 コームの目の粗いほうでほぐす

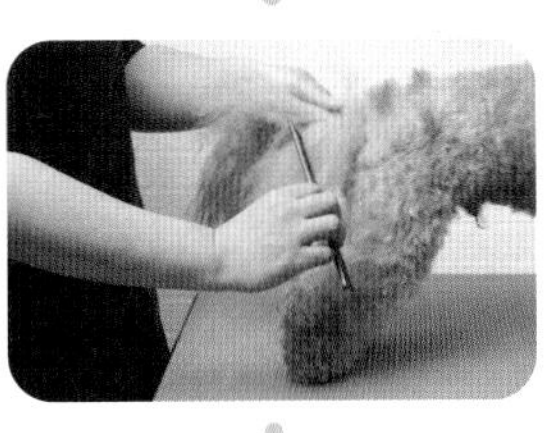

↓

これを何度かくり返す

✓ うまくほぐせないときは?

毛玉ができて手に負えない場合は、ペットサロンのトリマーにお願いしましょう。しかし、プロでも毛玉をほぐすのは大変。サロンによっては、通常のトリミング代と別に「毛玉料金」が発生することも。毛玉をつくらないためには、普段からブラッシングをきちんと行うことが大切です。

シャンプーの慣らし方

シャンプーを定期的にすることは大切ですが、恐怖の時間にしないために、まずは風呂場の空間やシャワーの音に慣らすことが必要です。慣れないうちはペットサロンでシャンプーをしてもらいましょう。

1 風呂場でフードを与える

空間に慣らすため、風呂場でフードを与えます。

2 シャワーヘッドに慣らす

水を出していない状態のシャワーヘッドを犬に向けて、フードを与えます。

3 弱めにお湯を出して フードを与える

犬に水がかからない場所でお湯を弱めに出して、フードを与え、様子を見ながら、水量をじょじょに上げます。

4 足先にシャワーをかける

足先にお湯を一瞬かけて、すぐにフードを与えます。犬の様子を確認しながら、お湯のあたる場所、水量、時間などのレベルを上げていきましょう。

シャンプーで用意するもの

- ✓ シャンプー
- ✓ リンス
- ✓ 手桶
- ✓ 泡立てネット
- ✓ スポンジ
- ✓ バスタオル
- ✓ ドライヤー
- ✓ スリッカーブラシ
- ✓ コーム

✓ シャンプー前には必ずブラッシングをする

シャンプー前に、コームの粗い目で毛玉がないか必ず確認をしましょう。粗い目のコームが通れば、シャンプーをしてもOK。コームが通らなかった場合は、ブラシで毛のもつれをほぐしましょう。

STEP1 体を濡らす

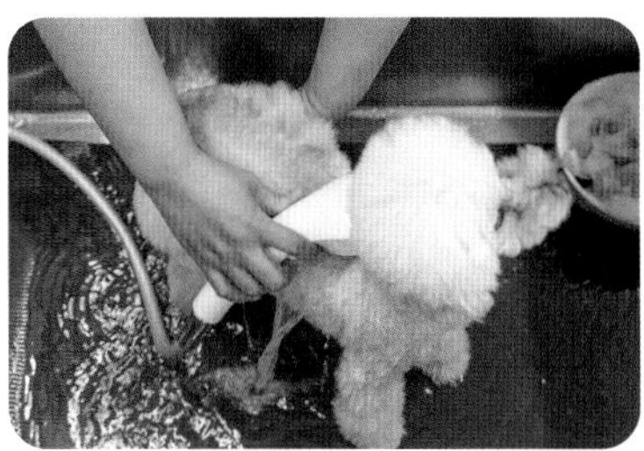

1

36〜37℃の温度のお湯を「おしり→背中→首」の順にかけます。濡らすときは、お湯をはねさせて犬を怖がらせないように、シャワーヘッドを犬の体に密着させましょう。

2

内股や脇を濡らします。内股や脇は濡らしにくい部分なので、手にお湯をためながら、濡らしていきましょう。

3

足先は特に汚れているので、十分にお湯をかけましょう。指と指の隙間もよく濡らします。

体を濡らすときは乾いている毛が1本もないように濡らそう！

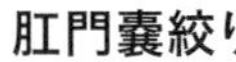

肛門嚢絞り

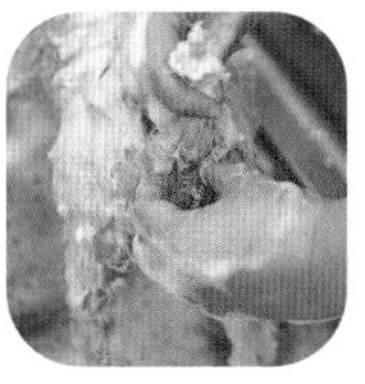

肛門嚢とは、肛門に溜まる分泌液。肛門嚢を「絞る」「絞らない」と両論あるので、肛門嚢絞りはプロに任せましょう。定期的にペットサロンに通えば、自宅で行う必要はありません。

STEP2 洗う

7 シャンプーを泡立て、おしりや背中、お腹、首にのせます。

8 指のはらでマッサージするようにやさしく泡をもみこみます。

9 足先は汚れが溜まりやすいので、シャンプーを足してよく洗います。

STEP3 体をすすぐ

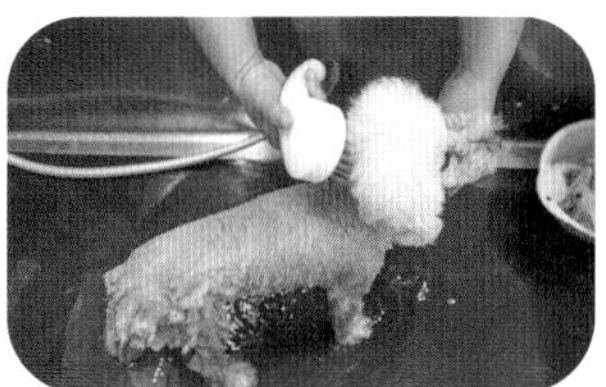

10 体をすすぎます。シャンプーが残らないようにしっかり流します。

STEP4 顔を洗う

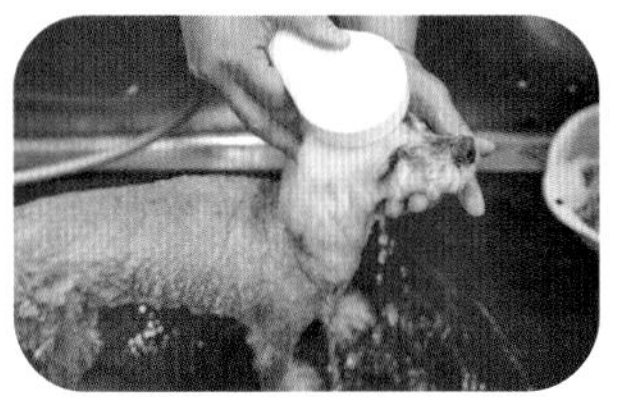

11 水圧を弱め、頭の後ろから顔を濡らします。スポンジを使って濡らしてもOK。

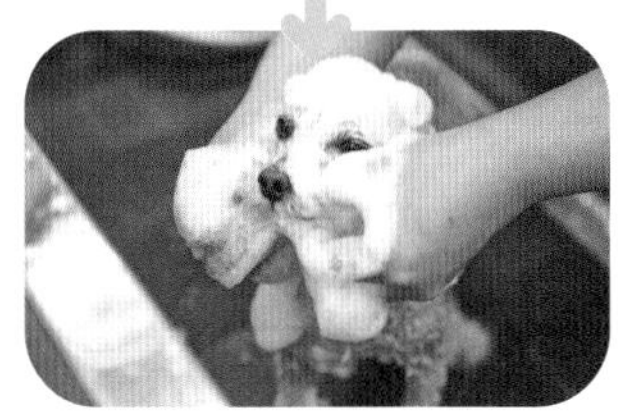

12 目や耳や鼻の穴に泡が入らないように、泡立てたシャンプーをのせます。

13 水圧を弱め、シャンプーをすすぎます。スポンジを使って泡を落としてもOK。

NG!

顔の正面からお湯をかけない

顔の正面からお湯をかけると犬は怖がります。シャワーヘッドが見えない後ろから、やさしくお湯をかけて。

POINT

シャンプーは月に何回する？

シャンプーの回数は、薬浴目的を除くと月１回程度がいいとされています。多い場合でも、２週間に１回に回数はとどめておきましょう。

STEP5 リンス

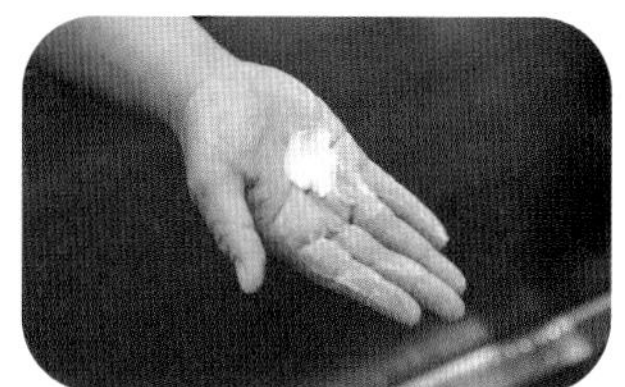

14 リンスを手に出し、両手に広げ、毛の長い部分、毛玉のできやすい部分を中心につけます。薄めて使ってもいいが、商品の使用法を確認しましょう。

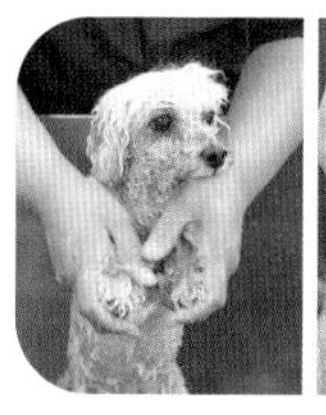

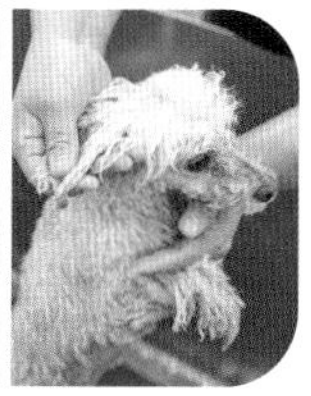

15 リンスをなじませたら、全身をすすぎます。すすぎ終えたら、最後に軽く毛を絞ります。

STEP6 すすぐ

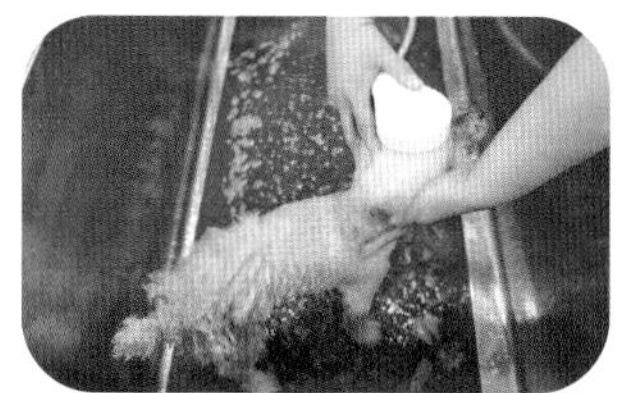

16 水圧を弱めて、頭の後ろからリンスーをすすいでいきます。

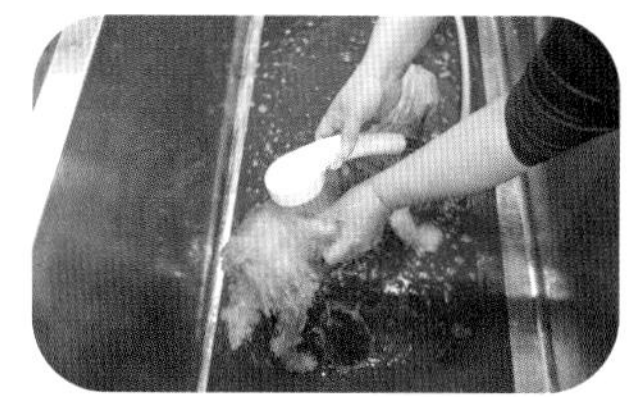

17 背中やおなかもすすいでいきましょう。足先にリンスーが残らないように注意。

POINT

汚れやすいところを部分洗いする

皮脂や汚れが多い場合は2度洗いをしたほうがいいですが、２度洗いは犬にとっても飼い主にとっても大変です。なので、足元やお尻のみなど予洗いとして、部分洗いをするのがおすすめです。

おしり

足元のみ

シャンプー STEP7

体を乾かす

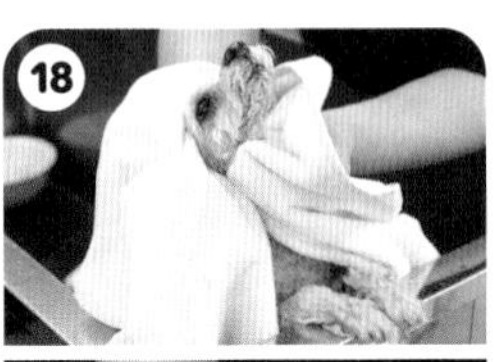

顔や体をタオルでよく拭き、水気をとります。特に、おなかは冷やさないようによく拭きます。また、足先も忘れずに拭いてあげましょう。

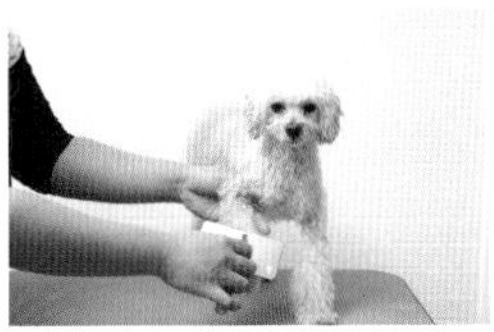

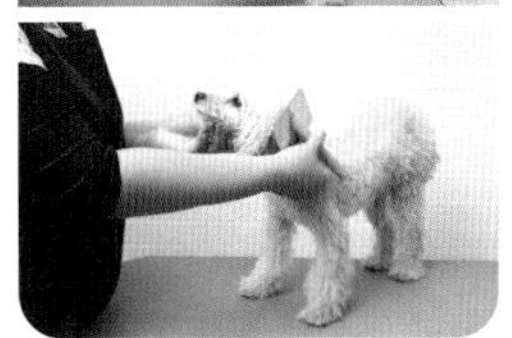

タオルでよく拭いたら、スリッカーブラシで、おなかや背中、足先、顔など全身をブラッシングします。

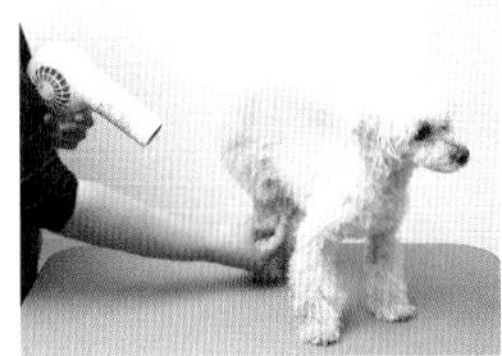

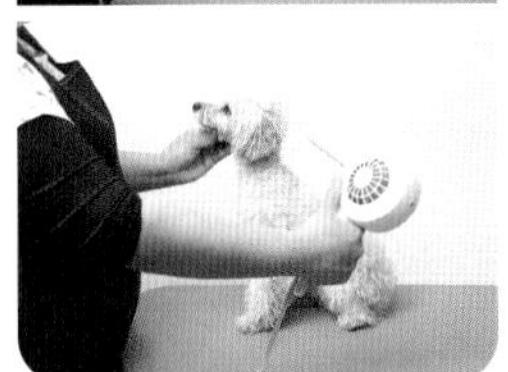

ブラッシングを終えたら、手で毛をワシャワシャとやさしくなでながら、ドライヤーで乾かしていきます。「おなか→背中→耳・顔→手足」の順で乾かしましょう。そして、**19**と**20**を乾くまでくり返します。

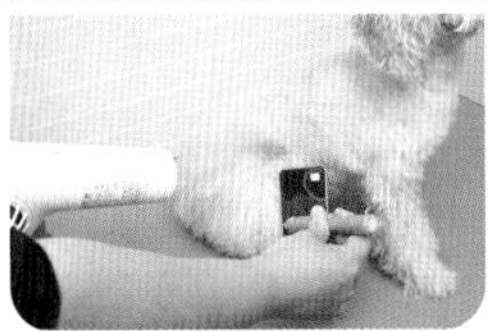

道具の使い方に慣れたらドライヤーをあてたときに、被毛の根本が見えます。そこからスリッカーブラシでブラッシングをしながら、被毛を乾かしていきましょう。

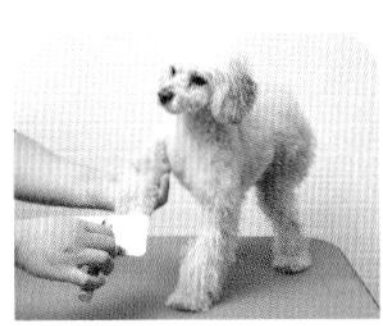

犬が嫌がりやすい部分はなかなか乾きにくいので、そのときは2、3回ブラッシングをして乾かしましょう。

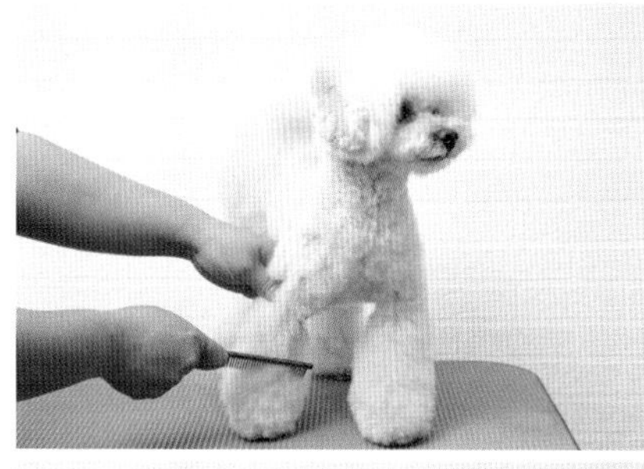
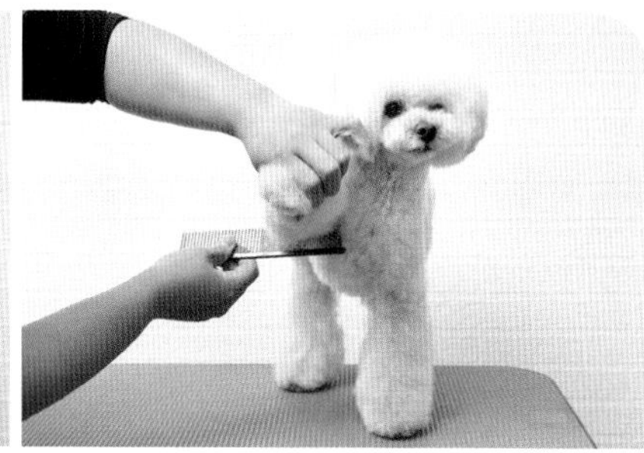

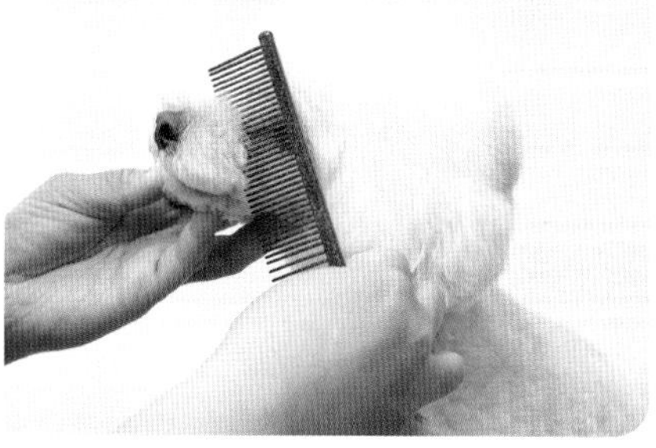

24 最後に全身をコームでとかし、被毛を整えます。

完了

さっぱりして
ふわふわな仕上がり！

POINT

慣れないうちはプロに頼ろう！

　定期的にシャンプーをすることは大切ですが、飼い主や犬が慣れていないのに、無理に行うことはよくありません。犬に恐怖を与えるだけでなく、思わぬ事故につながることもあるので、慣れないうちはプロに任せしましょう。

歯みがきに必要なもの

✓ 歯ブラシ（歯みがきシートかガーゼ）　✓ 犬用歯みがきペースト

歯みがきの慣らし方

1 口の中に指を入れられることに慣らす

チーズを使い、口に指が入ることに慣らします。チーズに慣れたら歯みがきペーストをつけて同様に慣らします。

➔P.77 口の中に指が入ることに慣らす

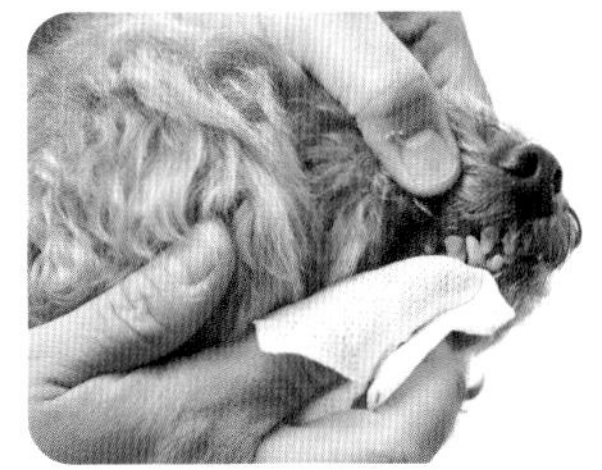

2 ガーゼを使って歯みがきする

指にガーゼを巻き、水に濡らして歯をこすります。慣れたらガーゼに歯みがきペーストをつけて同様に行います。

3 歯ブラシに歯みがきペーストをつけてなめさせる

歯ブラシにペーストをつけて鼻の前に差し出します。歯ブラシは水で濡らしてやわらかくしておきましょう。

4 ブラッシングをする

なめさせたら、すぐにブラッシングを数秒行います。3～4をくり返し、歯みがきに慣れさせます。永久歯が生えそろう7～8か月齢ころまでには慣らしましょう。

※1～4は1つずつできたごとにステップアップしていきましょう。

みがき方

歯ブラシ

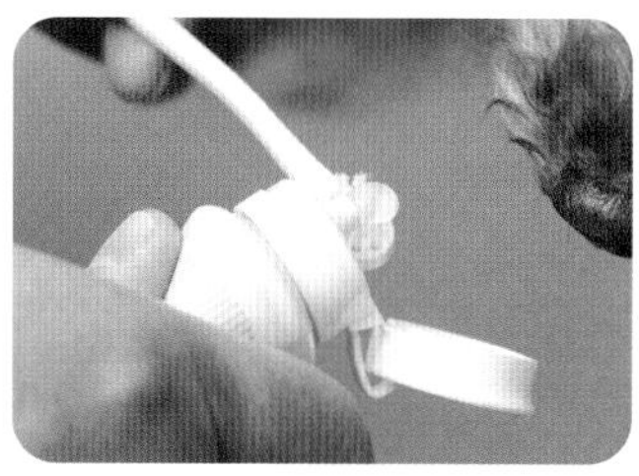

1 歯ブラシに歯みがきペーストを少しだけ出して、つけます。
（ペーストをつけなくてもOK）

2 次に、唇をめくって横の歯や犬歯、前歯をみがきます。

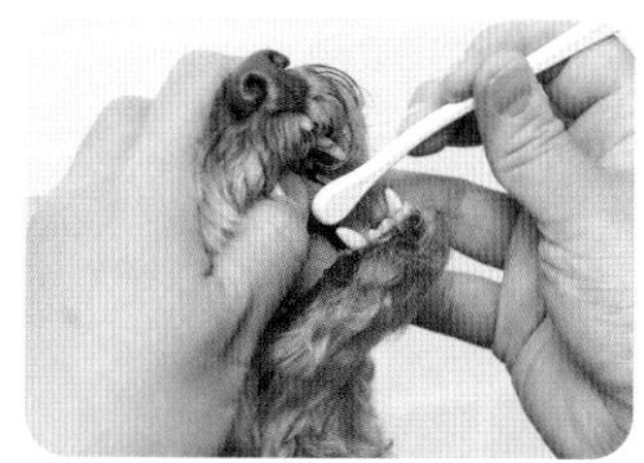

3 上あごをつかんで、口をあけ、歯ブラシを入れて奥歯をみがきます。

歯みがきシート

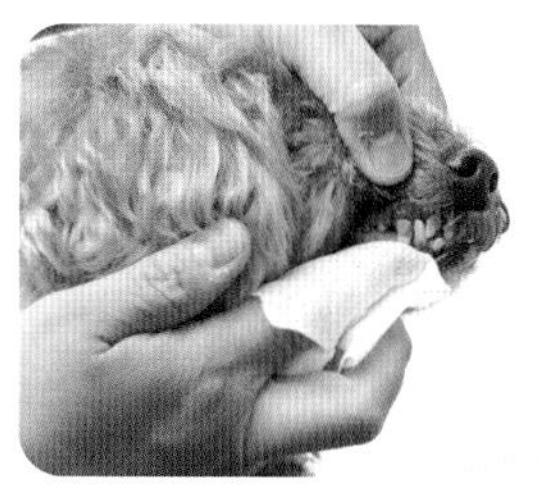

歯みがきシートを指に巻き、反対の手で唇をめくって歯をみがきます。ふつうのガーゼを使う場合は、濡らしてから使いましょう。

歯ブラシでみがくときも**1**～**3**が1つずつできたらステップアップしていこう！

耳の状態は毎日かかさずにチェック！

トイプーの耳のケアはどうすればいい？

犬の耳は、L字型になっています。そのため、耳アカが溜まりやすくなります。

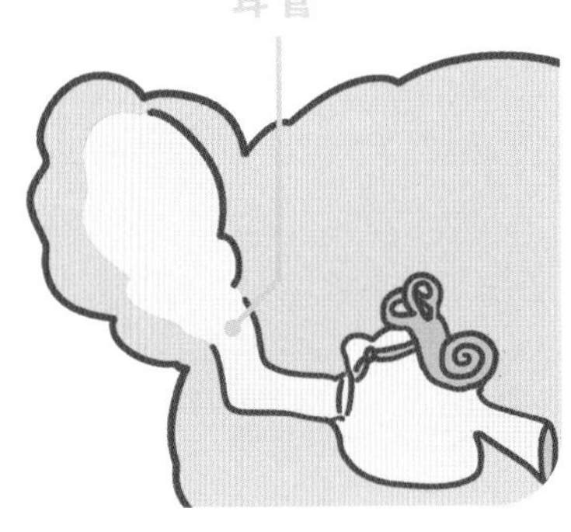

綿棒だけで耳そうじを行うと、耳アカを奥に押し込んでしまうことや、耳を傷つけることも。そうじのときは、綿棒にイヤークリーナーをつけて、穴の入り口付近を軽く拭きとる程度にしましょう。

日々のケアで耳の病気を予防しよう

トイプーの耳は、通気が悪く、ムレやすい構造になっています。このため、アカがたまりやすく、かゆみを伴う病気にかかる可能性が高いです。特にかゆみの原因となる菌にとって、耳アカは絶好の住処。また、シャンプー後の乾燥不足やホルモン異常などがかゆみの原因になることも。これは耳が垂れている犬種にとって、宿命ともいえる病気です。予防法は、毎日、耳の中をチェックし、汚れがあれば耳アカを取り除いて、清潔に保つことが一番です。

→P.186 耳をかゆがる

POINT

耳の中の毛は「ぬく」「ぬかない」論がある

トイプーは耳の中に毛が生える犬種です。トリミング業界では、この毛を「抜く」「抜かない」の両論あります。トリミングのときは、耳の毛を抜くかどうかはプロに任せましょう。また、耳の毛を抜く場合は、見える範囲の毛を指でつまんで抜きましょう。

耳そうじ

必要なもの ✓ イヤークリーナー　✓ 綿棒

STEP1 耳の毛を抜く

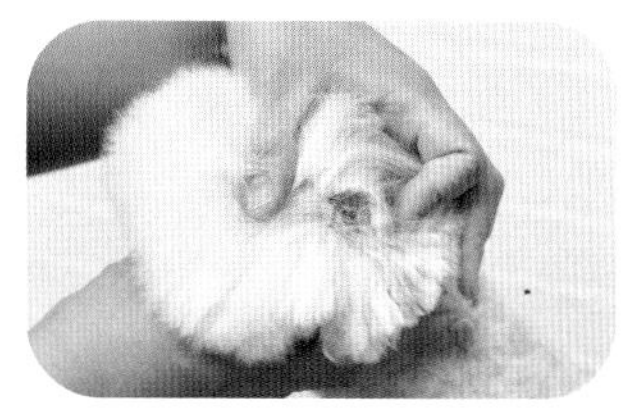

1 耳の毛を抜きやすくするために、耳をめくります。

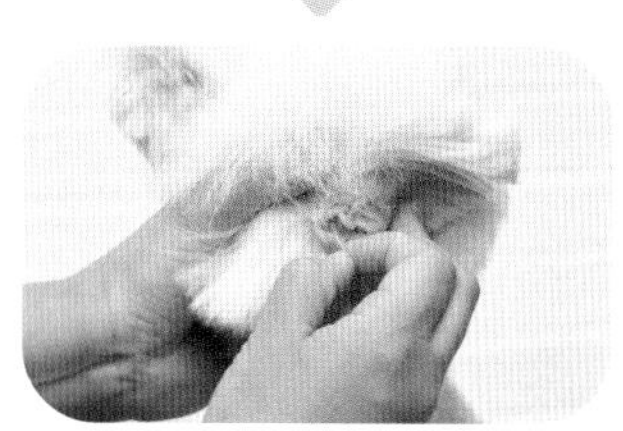

2 見える範囲の毛を指でつまんでやさしく抜きます。犬が耳の毛を抜くのを嫌がる場合は、無理に抜かないようにしましょう。

一度にたくさんつまんで抜こうとすると犬が痛がります。なので、少しずつ抜くことがコツ。

STEP2 クリーナーケア

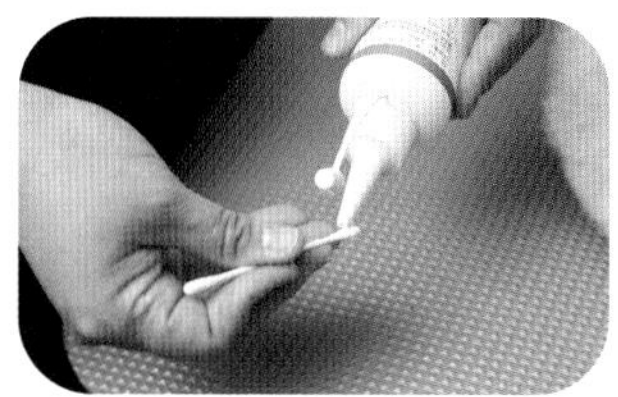

1 綿棒にイヤークリーナーを少量つけます。

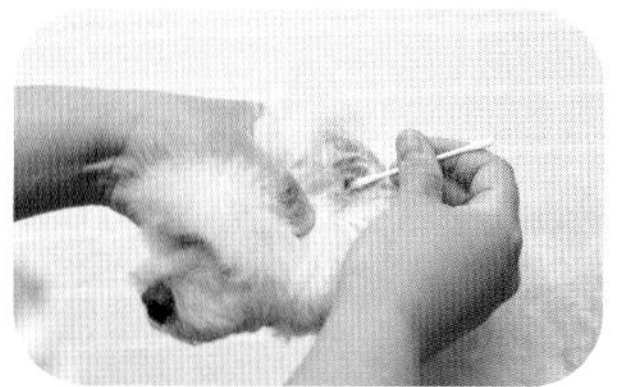

2 耳の穴のまわりをやさしく綿棒で拭きます。最後に新しい綿棒で乾拭きします。クリーナーによっては揮発性で乾拭き不要の商品もあるので、商品内容の確認を。

力を入れて
ゴシゴシすると
皮膚を傷つけて
しまうので
注意しよう

細かい体の部分ケアもしっかりと

犬の健康のためにも細かいケアはかかさずに

トイプーの体は、目のまわりや爪、部分トリミングなど、細かい部分のケアも大切。毛の色によっては、目やにで、目のまわりの汚れが目立つ犬もいます。また、爪は長くなりすぎると、歩行しにくくなるので、定期的なケアが必要です。部分トリミングも定期的にトリミングをして、生活しやすくしてあげましょう。

これらの細かい部分のチェックは毎日かかせませんが、定期的にトリミングをしているのであれば、基本はプロに任せましょう。

目のまわりのケア

必要なもの　✓ コーム　✓ 涙やけローション　✓ コットン

目やにを取り除く

お湯で濡らして絞ったコットンで拭いて、目やにをふやかします。そして、目の細かい側のコームを使い、目やにをすくうようにして取り除きます。

涙やけを拭く

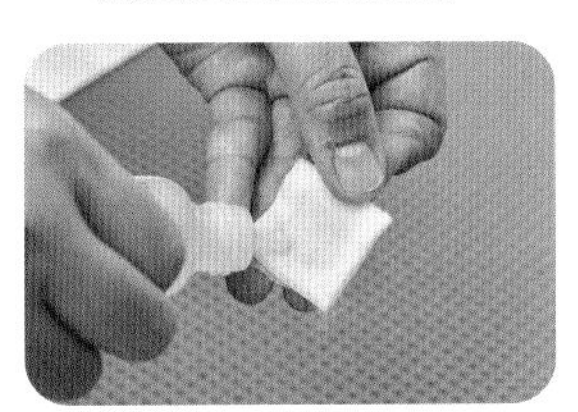

1 コットンに涙やけの用のローションをたらします。お湯で湿らせてもOK。

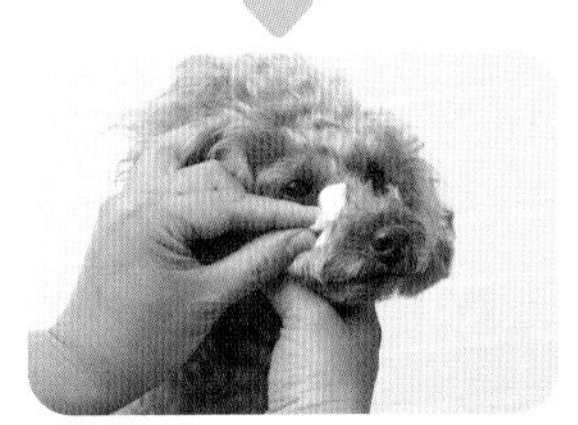

2 涙やけしている部分をやさしく拭きます。

爪切り

必要なもの　✓ 爪切り　✓ ヤスリ　✓ 止血剤

爪切りのやり方

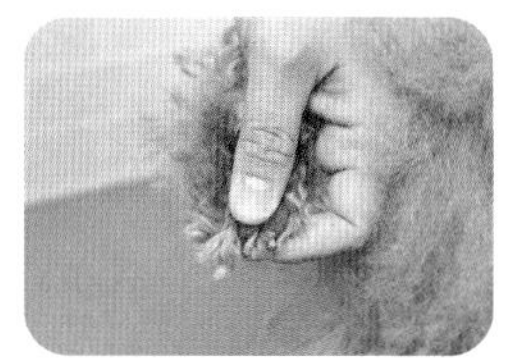

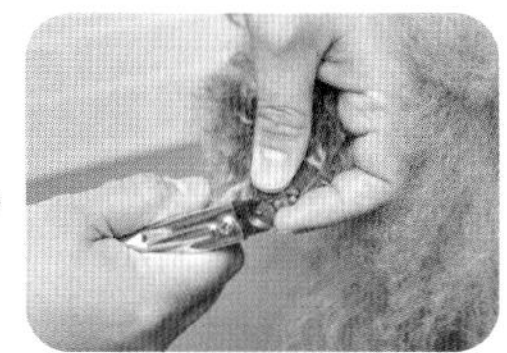

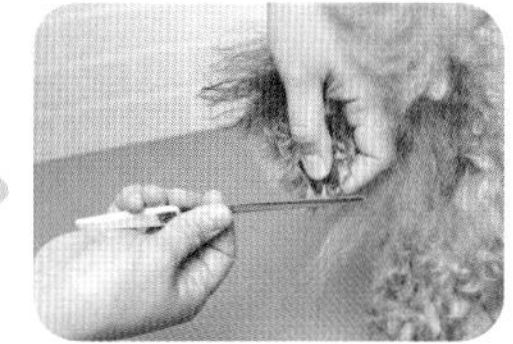

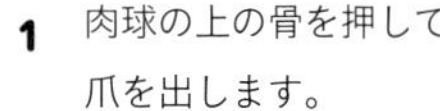

1 肉球の上の骨を押して、爪を出します。

2 爪の先の角を少しだけ切ります。

3 切った爪の角をヤスリで整えます。

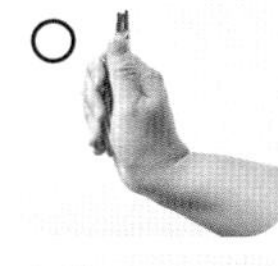

○

×

POINT

爪切りの刃は外側へ向ける

爪切りの刃は、内側に向けてきると、深爪になることがあります。刃の向きをしっかりと確認し、外側を向けましょう。

爪を切るときは止血剤を必ず用意

爪を深く切りすぎると、出血して止まらないことがあるので、止血剤は必ず用意。もし、出血した場合は、血を拭き取ってから止血剤をつけましょう。

部分トリミング

必要なもの

✓ バリカン

おしりのトリミング

肛門の毛にうんちがつくようなら、毛を刈ります。目立つ部分の毛だけ刈りましょう。

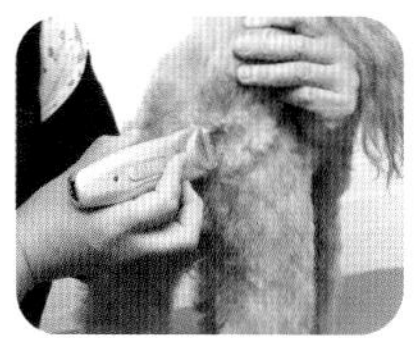

足裏のトリミング

1 肉球をおおうくらい足裏の毛が伸びたら足をしっかりつかみ、バリカンで毛を刈ります。

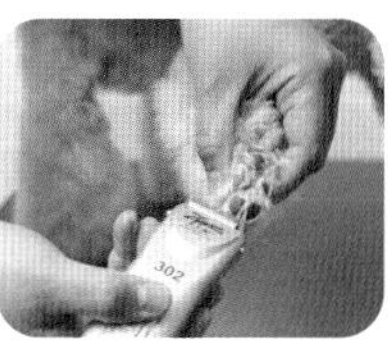

2 肉球がしっかり見えたら完成。

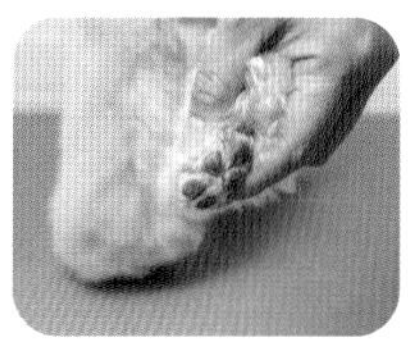

変幻自在なカットを楽しもう！

トイプーのカットはいろいろ！

テディベアカット

ゴムクリップ

アフロカット

コンチネンタルクリップ

モヒカンカット

でもかわいいカットにしてもらうには

定期的なシャンプーとブラッシングはかかせません

ブラッシングを怠ると…

嫌がるしいいかな……

それイヤッ

ダッ

もっしゃり頑固な毛玉ができてしまいます

大仏さまの頭の毛のよう…

あのかわいいふわもこの見た目は日々のお手入れの賜物だったのか…

毛玉が多すぎると
腕のいい
トリマーさんでも
カットをするのが
難しくなります
つかれたよー…っ
日ごろの
被毛のケアが
トイプーの
かわいいカットに
つながります

慣れてきたら
セルフカットにも
挑戦してみるのも
ありですが…
しょきしょき…
うーん、まず
この目に
入りそうな
毛を切るか!
ぜっぺき…
大丈夫だよ
クーさん!
ちゃんとかわいく
直してもらう
からね☆
シニアだけど
若づくり
カットで
お願い
します!!
…
苦手な人は
手遅れになる前に
素直にプロに
頼みましょう!

ペットサロンを利用してみよう！

長く付き合うサロンは行きつけを見つけておこう

トイプーは抜け毛が少ない反面、毛玉ができやすいため、トリミングが必要です。やりやすい部位なら家庭でも可能ですが、限界があります。

ペットサロンは地域によって価格差があるものの、通常カットであれば8000円前後。極端に料金が安いお店は、どこかでコストを削減している可能性があるので、見極めが必要です。

また、トリミングのできが気に入らないと、店をすぐ変える人もいますが、トリマーも担当するうちに、犬の特徴をつかむので、2〜3回は様子を見てから、店の切り替えを判断しましょう。

なお、高齢犬になってから新たにペットサロンを探すのは大変です。環境変化による犬への負担も大きいので、シャンプーやトリミングの最中に、不測の事態が起こる可能性が高くなることから、断られるケースもあります。愛犬が小さいうちから相性のいいところを探し、行きつけの店にしておきましょう。

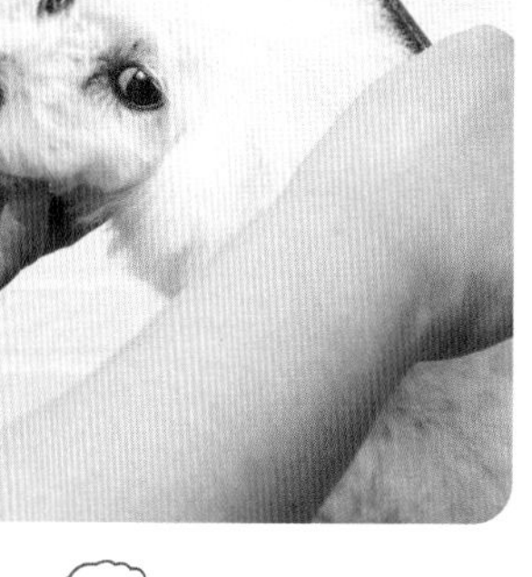

初めてのトリミングのポイント

時期
3〜4週間を目安にトリミングを行います。初めての場合は、慣らすためにシャンプーコースの予約のみでもOKです。

予約の方法
サロンに電話し、初めてのトリミングであることを伝え、日時を予約。料金を聞いておくと安心。

犬の体調
トリミングの直前と直後の体調変化には気を配ります。また、食事は3時間前までに済ませます。トリミング直前に水を与えることもNG。

サロンの選び方

サロンを選ぶ上で、犬の移動に負担にならない場所のサロンを選ぶことは重要です。自宅から近いサロンが見つかれば安心ですが、一番重要なのはトリマーとの相性です。

サロン選びの条件

- ✓ 清潔でにおわない
- ✓ トリミングルームがガラス張りで、中の様子がよく見えるサロンが理想
- ✓ スタッフが明るくて親切
- ✓ 質問や相談に対し、適切なアドバイスや回答をくれる
- ✓ トリミング前にカウンセリングを必ずしてくれる
- ✓ 犬のあつかいがていねい
- ✓ ノミやダニがいる犬は断っていることを明白にしている
- ✓ しつけや健康状態など、気づいたことを指摘してくれる
- ✓ SNSでサロンの最新の情報が確認できる

上手なオーダーの仕方

頼むとき

引き取るとき

具体的なイメージを伝える

サロンにあるカットカタログや、自分で見つけた写真を見せるなどで、具体的なイメージを伝えます。

トリマーのアドバイスも受け入れる

トリマーは犬を見て完成カットを予想できます。自分の意見だけではなく、プロの意見も聞き入れましょう。

その場でチェックする

できばえのチェックはその場でします。その場で言えば、直すことも可能なことが多いです。直せなくても、次に生かせるので、確認は怠らないようにしましょう。

バリカン負けなどの情報を伝える

皮膚が弱い犬は、バリカンあとがつき皮膚が赤くなることもあるので、次回利用する際に伝えましょう。

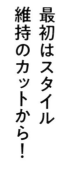

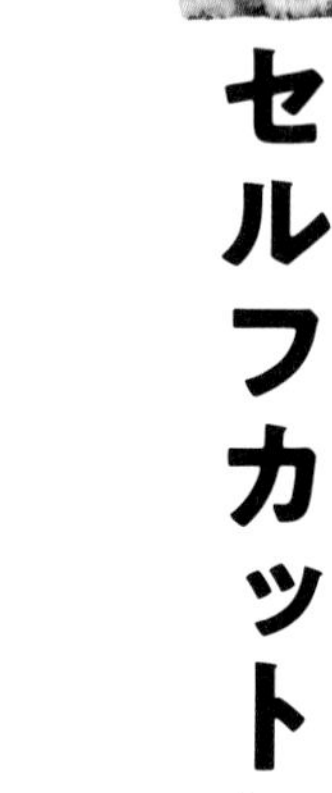

セルフカットに挑戦！

最初はスタイル維持のカットから！

きれいにトリミングされた犬は、かわいいのひとこと。それを、もし、自分でカットするとなると、難しそうに思えるかもしれません。でも、犬の社会化やトレーニングが十分で、信頼関係がしっかりできているようなら、まずはやりやすい部位から挑戦してもいいでしょう。

セルフカットには、出費をおさえることができるというメリットがあります。でも、いくら出費をおさえたいからといって、見た目が不格好になったりするのは避けたいもの。そんなときは、プロにやってもらったスタイルを維持するカットがおすすめです。また、セルフカットには、犬の体調に合わせることができるメリットもあります。老犬の場合、長時間立ちっぱなしは困難ですが、自宅で行えば、日を分けることも可能です。

セルフカットの心得

その1

最初はスタイル維持のカットからはじめる

プロが行ったカットに形を合わせる、スタイル維持カットからはじめましょう。

その2

ペット用のハサミやバリカンを用意する

道具の切れ味が悪いと失敗することも。きちんと犬用に道具は用意しましょう。

その3

デリケートゾーンは慎重に！

おしりの周辺や耳や目のまわりなどは、できる範囲でカットしましょう。

定期カットが必要な体の部位

用意するもの

- ✓ コーム
- ✓ ハサミまたはスキバサミ
- ✓ バリカン

※ハサミやバリカンを用意するときは、人間用のものでOK。

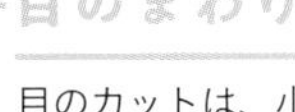

目のまわり

目のカットは、小さめのハサミを使って、定期的に行いましょう。難しいときは無理はせず、プロに任せましょう。

足裏

肉球のまわりをくり抜くようにバリカンでカットしましょう。

肛門や性器周辺

慣れていない場合は、無理はせずプロに任せましょう。

セルフカットの注意点

ケガ

素人がカットをすると犬にケガをおわせてしまうことも。犬の様子をよく観察しながら行いましょう。また、ケガをした場合は、速やかに獣医師に見せましょう。

切りすぎる

無闇にスタイルの冒険はしないこと。また、皮膚が見えるギリギリまで切ると、皮膚トラブルの原因になることもあるので注意。

暴れる

暴れる場合は、プロを頼りましょう。社会化ができていない犬に、セルフカットをすることは厳禁。少しずつ慣れさせるところからはじめます。

耳の中

ハサミでカットをするのは、危険です。耳の中の毛は、指を使ってやさしく抜きましょう。

→P.165 耳の毛を抜く

トイプー人気カット✂カタログ

トイプーはさまざまなカットスタイルを楽しめることから、
飼い主にとってトリミングは大きな楽しみのひとつです。
ここでは人気のカットスタイルを紹介していきます。

テディベアカット

テディベア（くまのぬいぐるみ）をイメージした丸いマズルがチャーミングな王道のカットスタイル。手入れも簡単なのでおすすめです。

顔 テディベアカット
耳 大きめふわふわカット
しっぽ ぽんぽんカット

耳の毛を大きめにふわふわにしたテディベアカットスタイル。しっぽのポンポンがチャームポイント

マズルや耳まわりの形を変えてさまざまな印象を楽しめる!

顔の毛を短くすることはせず、マズルまわりや耳の長さを好みで変えることで、さまざまなバリエーションを楽しめます。

まるさがポイント!

頭はまんまるテディベアカット

頭を丸くすることで、毛のふわふわ感がより強調されます。

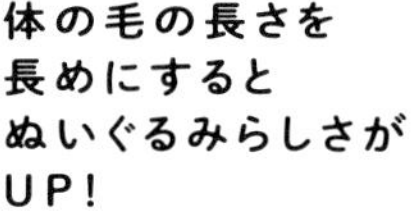

体の毛の長さを長めにするとぬいぐるみらしさがUP!

体の毛を長めに残すと、顔の毛との長さのバランスとマッチして、テディベア感が増します。

ぬいぐるみみたい!

アフロカット

ふわふわもこもこのアフロスタイル。丸い顔がかわいいスタイルだが、毛玉になりやすいので毎日のケアが大切！

アフロカット+おパンツカット

おしりのフォルムを丸く残したおパンツカット。顔のフォルムともマッチします。

ブラッシングを欠かさないことがアフロスタイルをきれいに保つ秘訣！

アフロカット+耳短めカット

耳を短めにすることで、顔の丸さを際立たせることができます。

もこもこ
フワフワ

サマーカット

サマーカットとは通常よりも短めにカットするスタイルのこと。暑い夏に人気のスタイルです。

指定カット

頭や体、手足、しっぽなどのスタイルを詳細に指定した、飼い主さんのこだわりが詰まったカットスタイルです。

かわいく
変身！

サマーカット+トップノット

年中洋服を着せたい飼い主さんは、サマーカットにしている人も多いです。洋服に合わせて頭の毛をトップノットにしてもおしゃれ度がUPします。

サマーカット+耳短めカット

暑い夏はサマーカットがおすすめ。耳を短めにすることで、子犬のようなあどけなさが残ります。

顔 ピーナッツカット
手足 バリカン+ぽんぽんカット
しっぽ ライオンしっぽカット

顔は、目のまわりなどをスッキリカットし、口まわりをまんまるにボリュームたっぷりに残したピーナッツカット。体は短めのカットで、手足やしっぽなど、部分的に毛を残したメリハリのあるスタイル。

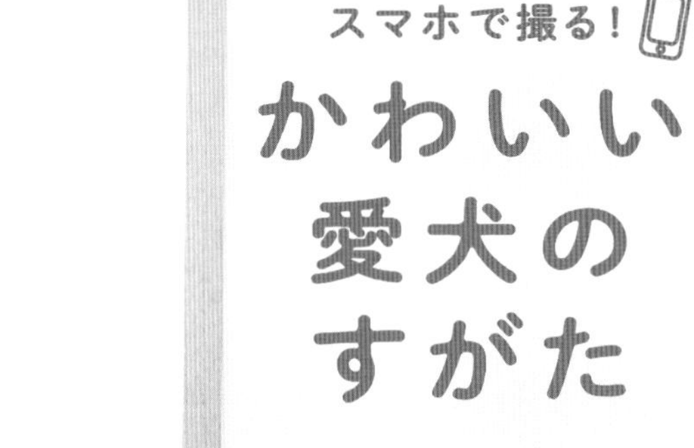

スマホで撮る!

かわいい愛犬のすがた

うちのコのかわいいすがたや思い出を残したい!
飼い主ならだれでも思いますよね。
でも動物は動くのが基本。なかなかうまく撮れない人も多いのではないのでしょうか?
今回は、スマホで愛犬をかわいく撮るコツを紹介。
スマホで手軽にトイプーとの日常を切り取り、残しましょう!

Technique / 01

ペットと目線を合わせよう！

まずはしゃがんだり寝転んだりしてペットと目線を合わせてみましょう。目線をそろえると、躍動感が生まれ、顔をアップで撮影できるので、表情がよく見えてきれいな仕上がりに。

カメラ目線の写真を撮影したい場合、犬がカメラに目線を合わせるタイミングを待つのでは大変です。そんなときは、おやつやおもちゃなどのアイテムを使って犬の気を引きましょう。これにより、目線をカメラに誘導することができ、さまざまなかわいいショットを撮影しやすくなります。

Technique / 02

動きのあるすがたは連写で撮影しよう

動いているときは連写で撮影するのがおすすめ。走っているところもブレずに、いい表情をとらえます。また、1枚1枚がちがう表情が撮れることもおもしろさのポイントです。

Technique / 03

自然光を取り入れる

暗い場所で撮影すると写真がブレたり、暗い印象に。フラッシュは強い光で犬を驚かせるだけでなく、陰影がなくうまく撮影できないことも。おすすめは太陽の下や強すぎない自然光が差し込む場所。散歩に出ているときは撮影チャンスです。

トイプーあるあるマンガ⑤ 吉田さんとバニラさん

水溜りが大好きなバニラさん

サロンからの帰り道
褒められてご機嫌だな

ダッ
!
え!?
バニラさん!?

水猟犬の名残りなのかどんなに綺麗になっても雨上がりの水溜りにダイブしたくなるようです
たのしい♡
これじゃバニラじゃなくてチョコだよ〜

褒めコトバは聞き逃さないバニラさん

ありがとうございましたー
バニラさんはある瞬間が大好きです

あらかわいいトイプーちゃん!
毛がふわふわですね!

ありがとうございます!
そういってもらえると彼女も喜びます
え?

バニラさんはサロン帰りの綺麗になった瞬間に褒められることが大好きなようです
どやっ
?

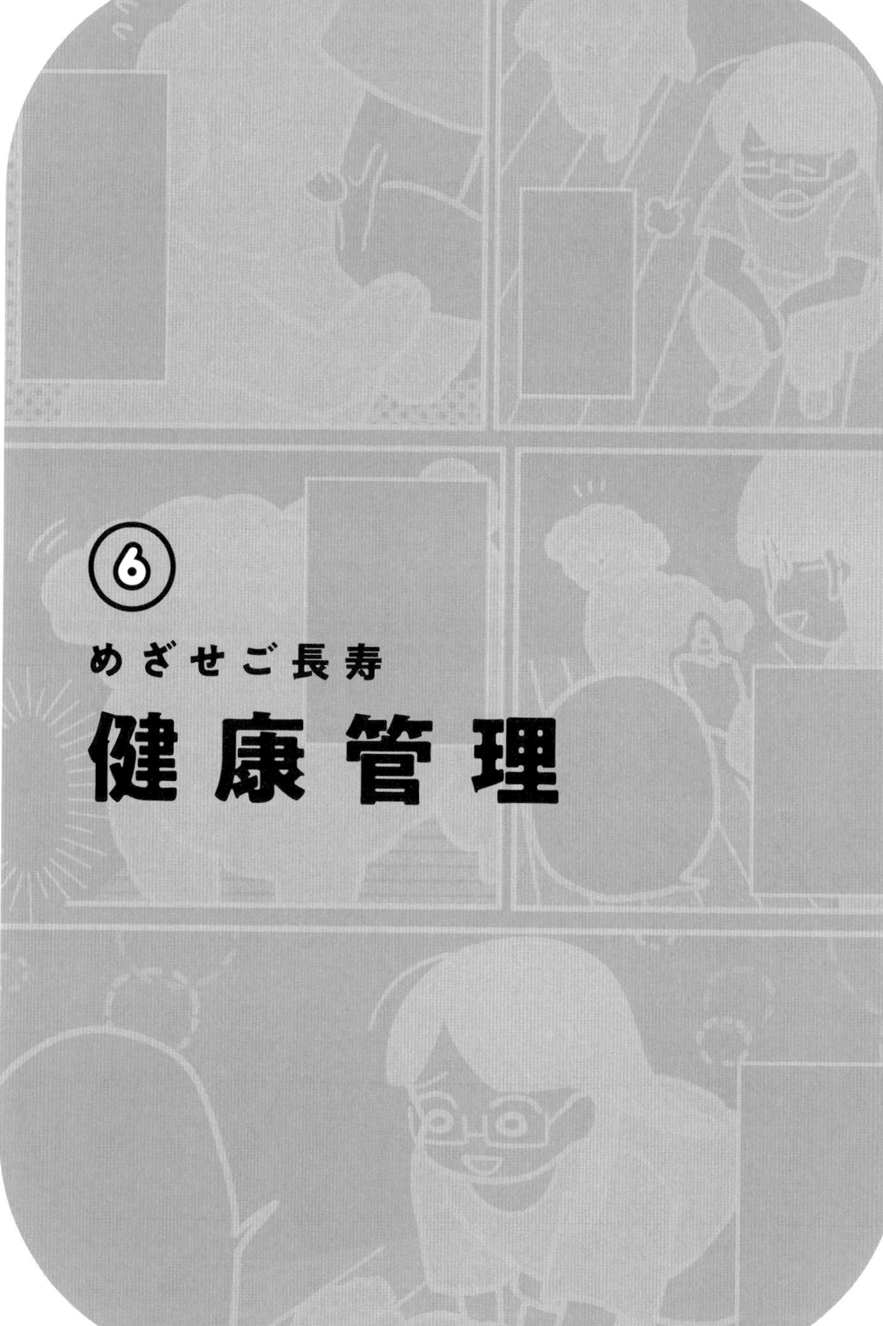

⑥

めざせご長寿

健康管理

一生つき合う動物病院を探そう！

愛犬の健康管理には
トイレチェック
毛づや
食事量
シニアフード
食事への気配りや毎日の身体チェックが大切です
特に重要なのは病院選び
クーさんは身体が弱く生まれつき膝に障害があったりして
いろいろな病院にお世話になってきました
A
B
・家から近い
・子犬のころからお世話になっている
・手術もここでやった
・家から遠い
・高度治療・専門医
・先生の診察の説明が丁寧
病院を巡ってわかったのはひとつの病院の診断で不安なことがあったらほかの病院にもいってみること
人間と同じでセカンドオピニオンが大切なのです
Aの病院では原因不明と見過ごされていた症状が
Bの病院で検査して病名がはっきりしたりといろいろありました

ギャオオ
動物病院では
たくさんの犬が
狭い待合室に
いるので
興奮したり
吠えたり
しないように
ここでも社会化が
身についているかが
重要になってきます

フスッ
高みの見物を
するでないよ
君もこの後
診察だよ
びびって鳴くでしょう

犬は
人間の言葉を
しゃべれない
からこそ

うーん

片目が白くなってきたな…

日ごろの
スキンシップで
気づいてあげ
たいものです

動物病院では
人間ドックの犬版の
「ドッグドック」が
あるようです

後の健康管理に
役立つので
おすすめです

毎日のヘルスチェックはかかさずに！

顔つき

動くものに対し反応がよくイキイキとしている

遊びたがる、散歩が好き、いろいろな音に反応します。また、表情も明るいと元気な証拠。

目

光があり、澄んでいる

健康な目は、適度に濡れていて輝きがあります。充血、涙目、目やにやまばたきが多い、目が開かないなどは注意が必要。

鼻

しっとりと湿っている

寝起き以外は鼻にツヤがあり、少し湿っています。鼻の乾き、鼻水、鼻血は不調のサイン。

歯・口臭

歯肉や舌は濃いピンク

歯茎が紫色、口臭がする、歯が抜ける、よだれが多いときは、注意が必要です。

歯列に乱れがある子犬は?

歯列が乱れている場合、将来歯周病になりやすいです。１年に１回は歯の検診を受けましょう。

体全体

**筋肉があり
しっかりしている**

筋肉で引き締まった体が理想です。ブヨブヨしていたり、骨張っていないか確認をしましょう。

被毛・皮膚

**被毛と皮膚に
異常がないか確認**

毛ヅヤはいいか、皮膚に湿疹やただれ、傷がないかをチェックしましょう。

肛門・便

**肛門がしまり
便は正常か**

肛門がただれている、便がゆるい、下痢などは不調のサイン。

耳

**内側に張りがあり
においは無臭**

健康な耳は、内側の皮膚の状態に張りがあり、においがしません。においがきつい、皮膚が傷ついている場合は耳の病気の可能性があります。

犬の健康を守るのは日々のスキンシップ

健康を維持するには、犬の体の状態を日ごろからよく観察し、判断することが大切です。ブラッシングやトイレの世話のとき、一緒に遊ぶときなど、毎日のスキンシップで体の異変は発見しやすいといわれています。

愛犬の異常を察知することは、飼い主にしかできないことです。元気がない、食欲が落ちている、調子が悪そうなど、どんなにささいなことでもいいので、ふり返りができるようにメモを取っておき、日々の体調を把握しておきましょう。また、心配なときはかかりつけの獣医師にみてもらいましょう。

予防接種と寄生虫対策も忘れずに！

病気や寄生虫から可愛い愛犬を守ろう！

犬の伝染病は、ワクチンや予防接種で防ぐことができます。病気をうつされない、うつさないために、予防接種をすることは、犬とくらす上での義務であり、マナーです。子犬のころのワクチン接種は、特に重要です。生まれて間もなくは、母犬の胎盤や授乳からの免疫で病気にかかりにくいですが、1か月齢のころから、その免疫は少しずつ低下してくるため、ワクチン接種が必要になります。また、狂犬病も世界各国で発生しており、3か月齢以上の犬に対しては狂犬病ワクチンの接種が義務付けられています。

混合ワクチン

誕生	母犬からの免疫が効いている
40〜60日ごろ	**1回目の接種**
約30日後	**2回目の接種**
約30日後	**3回目の接種**

（1〜3回目）時期や回数は獣医師と相談

以降は年1回追加接種

死亡率の高い伝染病を予防

重大な感染症に対するワクチン。組み合わせは、種類によって異なり、「5種」「7種」「8種」「9種」とさまざまあります。

接種方法

生活している地域によって、感染症の発生状況が違うため、ワクチン内容は獣医師に任せましょう。

狂犬病ワクチン

かかると犬は凶暴化し、中枢神経障害によって死亡します。人間にも感染するので、飼い犬の登録と接種が義務づけられています。

フィラリア症

内部寄生虫で代表的なものが、蚊が媒介するフィラリア症。感染すると月に1回、薬を飲ませる必要があります。薬でショック症状を起こすこともあるので、獣医師の検査が必須。また、ノミやマダニなどの外部寄生虫はフロントラインなどの駆虫薬で対応しましょう。

病院を探すときの基準

1 家から近い

自宅から通いやすいことはなによりのポイントです。病気の際に、移動による犬の負担も軽減できます。

2 評判がいい

インターネットで掲載されている口コミは病院選びの基準の1つです。情報を精査して、犬にあった病院を探しましょう。

3 緊急時に対応しているか

愛犬にもしものことが起きたときに、24時間対応してくれる病院を探しておくことがおすすめ。

4 獣医師の説明がわかりやすい

飼い主が安心できるように、病気や対処、処置についてわかりやすく説明してくれるかは重要です。

5 院内が清潔か

院内や病院の周辺の清潔さが保たれているかは、顧客サービスにどれだけ配慮しているかの判断目安になります。

6 会計が明朗

犬の性格や家庭の事情など飼い主が納得した上で、治療の効果やかかる費用をわかりやすく説明してくれることは重要です。

上手な症状の伝え方

犬は具合が悪くても話すことはできません。
飼い主が獣医師に的確に犬の状態を伝えることは、診察を受けるうえで最も重要です。

症状を伝えるときは冷静かつ客観的に話す

客観的に犬の状況を見るようにし、わかっていることを焦らずに正確に獣医師に伝えます。自信がないときはメモを取りましょう。

うんち・オシッコ・吐物に異常があるときは持っていく

排泄物に異常が見られる場合は、散歩のときに使用するビニール袋などに入れて持ち込み、検査をしてもらいましょう。

症状を伝えるときのポイント

- いつ（日時）
- どのような症状か
- どんな経緯で起きたか
- 食欲や排泄物の状態
- 普段との様子の違い

子犬がかかりやすい病気を知ろう

乳歯遺残

乳歯が抜けない

乳歯が残ったまま永久歯が生えることを乳歯遺残といいます。こうなると、歯並びが悪くなり、さまざまな弊害が起こります。

対策

獣医師に相談する

第二次性徴期を迎えても乳歯が抜けきらず、歯並びが悪い場合は、獣医師の診断を受けて、今後の予防と治療法を検討してもらいましょう。

乳歯遺残は犬歯に多発する

乳歯遺残は、特に犬歯にみられる症状。ひどい場合は犬歯のまわりの歯並びも悪くなり、虫歯や歯周病、口の粘膜を傷つけやすくなります。

耳をかゆがる

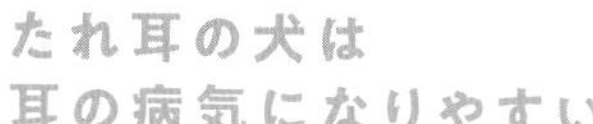

足で耳をかく、頭をふる

どんな状況でも耳をかく、頭をふるときは耳の中をチェック。においがある、または片耳だけにおうときは病気の可能性もあります。

対策

耳が蒸れないように清潔に保つ

軽い症状は、イヤークリーナーでの耳そうじで治ることも。やりすぎると症状を悪化させることもあるので注意。においがある場合は獣医師に相談を。

たれ耳の犬は耳の病気になりやすい

耳がたれた犬は、耳の中に毛が生えるので、蒸れて細菌が繁殖しやすくなります。ひどくなると外耳炎などの耳の病気を引き起こします。

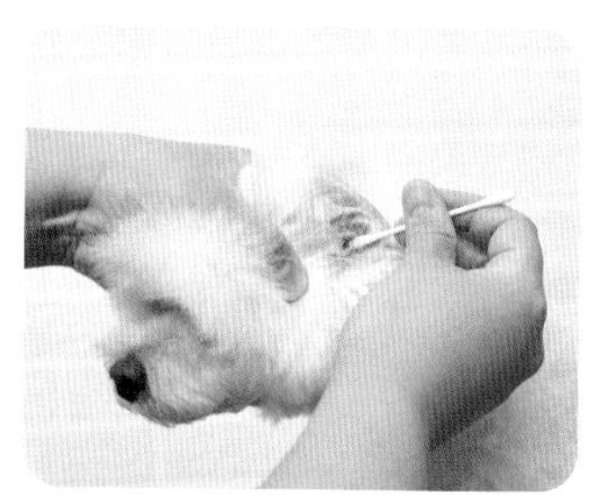

下痢・嘔吐

吐いたものや便などを見る

下痢や嘔吐が一過性のものの場合はあまり心配ないが、回数が多く、血便などがあり、元気がないようなら病気の可能性もあります。

対策

脱水に注意し、食事は1食分抜く

まずは、食事を1回抜き、胃腸を休めます。その後、便の様子を確認し、下痢、軟便、血便があるようなら獣医師に相談しましょう。

食べたものをチェック

消化器官の問題だけでなく、アレルギーや拾い食い、食事の変化など原因はさまざま。嘔吐は車酔いや頭を打ったなども考えられるので、経過をチェックしましょう。

せき・鼻水

せきや鼻水、鼻汁の状態を見る

成犬ならかぜで済んでしまう症状も子犬の場合は重症化することも。トイプーの場合は、せきや鼻水などの呼吸器系の異常は早めに対処することが肝心です。

対策

獣医師に伝えられるように犬の状態の観察を

呼吸器に異常を感じたら、元気はあるか、鳴き声のトーン、いつごろからどんな経過でこうなったかなど、正確に獣医師に伝えられるようにしましょう。

足がおかしい・引きずる

骨折・捻挫・膝蓋骨脱臼を疑う

最も起こしやすいケガの1つが、前足の骨折や捻挫、膝蓋骨脱臼（→P.194）。高めの位置からの飛び降りや落下には注意が必要です。

対策

部屋のレイアウトの見直しや高所からの飛び降り防止に努める

トイプーの骨は、実はとても細いです。部屋のレイアウトを見直し、ケガの防止に努めましょう。

➜P.046 犬とくらすための部屋づくり

去勢・不妊手術はメリットがたくさん！

愛犬の毎日が穏やかで安心できるものに

去勢・不妊の手術をすることは、いくつかメリットがあります。

オスの場合、オシッコをいろいろなところにするマーキングや、攻撃性が増すなどの問題が抑えられ、精神的に安定します。これにより、ほかの人間や犬とほどよい関係で過ごせるようになります。

メスの場合は、医療的観点から見ると、性ホルモン関連の病気の心配が軽減されます。ある調査では、発情期を迎える前に手術をした場合、乳腺腫瘍のリスクを99・5％削減できることがわかっています。また、発情期に気分が不安定になることもなくなります。

さらに、しつけやトレーニングがしやすくなるメリットもあります。発情期を迎えた犬は、未手術で異性を前にすると、ご褒美のフードが目に入らなくなり、しつけどころではなくなります。

このことから、繁殖を望まないなら手術をすることを推奨しています。手術のタイミングは、最初の発情期がくる生後6か月齢前後がおすすめ。事前に血液検査で健康状態を確認しておけば、去勢や不妊手術は安全性が高いと断言できます。

デメリットは、代謝が落ちるため、今までと同じ量のフードを与えていると太ること。フードの量を調整して、肥満を防ぐようにしましょう。

発情期を迎えた犬が手術を施さないで、ドッグランに行った場合、飼い主が目を離したすきに交尾をし、妊娠してしまった事故が実際に起きています。繁殖をさせないなら早めに手術をしておきましょう。

去勢・不妊手術のメリット・デメリット

メリット

✓性に関する病気が予防できる

オスは精巣腫瘍、前立腺肥大、メスは乳腺腫瘍や子宮蓄膿症などが予防できます。

✓精神的に安定する

発情期特有の食欲がない、落ち着きがないなどの気分のムラがなくなります。

✓マーキング行動がなくなる

未手術だと、室内や屋外ところ構わず、オシッコを引っかけることがあります。

✓しつけ・トレーニングがしやすい

異性への関心がご褒美より勝り、しつけができないという事態を回避できます。

デメリット

✓太りやすくなる

代謝が落ちるので、今までと同じ量のフードを与えていると太ってしまうことも。

発情すると…

食欲低下

元気や食欲がなくなり、散歩に行きたがらないことも。

落ち着きがなくなる

陰部が気になり、落ちつきがなくなります。オスにつきまとわれてケンカに発展することも。

出血

メスは年に約2回生理がきて、2週間ほど陰部から出血します。

抑制が効かなくなる

メスを目がけて追いかけます。家から脱走することも。

フェロモンを出す

メスが性フェロモンを出すことで、オスは落ち着きがなくなります。

オス同士でケンカする

メスをめぐり、オス同士で激しいケンカをすることも。

たまに若かりしころの毛色が一部だけ復活したり…

ここだけ濃い

ジャンガリアンハムスター…!?

しぐさや行動にも変化が

昔はやんちゃで好奇心旺盛でよく脱走を企てていたけれど

青年期

ダーッ

老年期

よくねてる

今はずいぶん大人しくなったな！

はあ…

落ち込んでいると…

すぐに察してペロペロして寄り添ってくれるし

目薬をさすときも一言歌うと…

クーさんめんめぐーすり♪

ん

「仕方ないなぁ」という顔で寄ってきて上を向いてくれます

かわいい

犬は歳をとるほどに愛おしさが増します

おじいちゃんになったなー

クーさんは現在14歳…いつまで一緒にいられるかわからないけれど最後まで添い遂げたいと思います

シニアになるとどうなるの？

老化のサイン

視力が衰える

視力が低下し、ものにぶつかることが多くなり、散歩を嫌がるようになります。

耳が遠くなる

音や声に対する反応がにぶくなります。

口臭がキツくなることも

歯みがきを怠ると歯周病で口臭がキツくなります。また、歯の痛みで食欲低下にもつながります。

→P.163 みがき方

白髪が増える

白い毛が増し、体色が減退することもあります。新陳代謝の衰えから毛ヅヤがなくなります。

爪が伸びがちになる

運動量が減り、爪が伸びやすくなります。伸びた爪での歩行は関節に負担をかけます。

→P.167 爪切り

しっぽが下がりがちになる

筋力の衰えから、腰やしっぽ、頭が下がりがちになります。

眠っている時間が増える

1日の大半を寝て過ごすようになるが、病気でぐったりしていることもあるので、必ず定期検診を受けましょう。

食事

シニアフードに変更

年齢に応じたフードに切り替えを。ドライフードが食べにくそうな場合は、お湯でふやかして与える、ウエットフードに切り替えるなど工夫をしましょう。

食事の回数を分けて1食の量を減らす

1回の食事量を減らし、1日数回に分けてフードを与えます。若いころのように、ドライフードが食べられる犬は手でフードを与えてもOK。

散歩

散歩をしっかりさせる

歩けるうちは筋力維持のために散歩に連れて行き、犬の歩幅に合わせて歩きましょう。

歩けなくなった場合は、カートで外を回り、脳に刺激を与えましょう。行きは歩き、帰りはカートにして負担を減らす手もあります。

室内

余計なものは片付けて段差には階段を設置する

足腰が弱くなり、ソファーに上がれない場合、台や犬用ステップを設置。家具配置はなるべく変えずに、障害物になるものはどかしましょう。

犬の年齢に合わせて家具を見直そう！

寝たきりになったら…

床ずれに気をつける

2〜3時間おきに体の向きを変えて床ずれを防ぎ、体圧分散マットに寝かせて床ずれを軽減します。また、おしりにトイレシーツを敷いて排泄を受け止めましょう。

トイプーがかかりやすい病気って？

ひざ　膝蓋骨脱臼

症状

後ろ足を痛がって歩き方がおかしい

元気に走り回っていたのに、突然「キャン！」と鳴き、後ろ足を上げて痛がり、しばらくしたら足を引きずるように歩きます。抱いて足に触れると「ポキッ」と音がして抜けたような感覚がわかるときもあります。

「キャン」と鳴き、後ろ足を上げはじめます。

原因

先天性と後天性の症状がある

後ろ足の膝蓋骨（膝の皿）が正常な位置からはずれ、脱臼している状態。先天性と後天性があるが、日本のトイプーの場合は先天性の症状が多く、軽症か無症状で一生を過ごす犬がほとんどだが、手術が必要なこともあります。

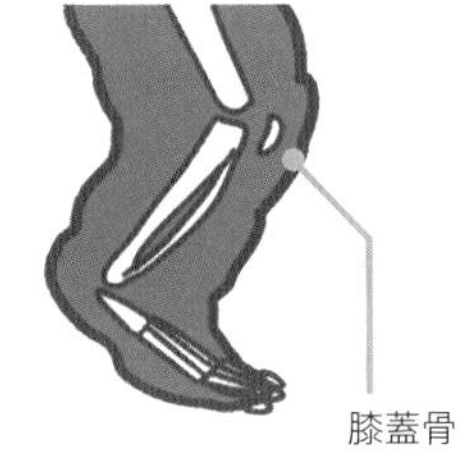

治療

軽い症状は経過観察

軽い脱臼は、治療はせずに経過観察。慢性化している場合は、痛がることもなくなり、後ろ足を浮かせ、折り曲げて歩くようになります。この場合には手術が必要です。

高い場所からの飛び降りには注意しよう！

皮膚 アレルギー性皮膚炎

症状

顔、四肢、おなかのかゆみ下痢などが起こる

生後半年から1～2歳の犬に起きやすく、かゆみでかきすぎて、皮膚がガサガサに厚くなることも。アレルゲンが食べ物の場合は、下痢を起こすこともあります。

原因

さまざまなアレルゲンがある

食べ物が原因と思われることが多いが、食事性のアレルギーは少ないです。むしろ、ハウスダスト、ダニ、花粉、真菌などが原因となっていることが多いです。

治療

アレルゲンを除去する

アレルゲンにじょじょに慣らす「減感作療法」が用いられるようになり、アレルゲンの特定と除去が期待できるようになっています。

POINT

皮膚炎を防ぐために気をつけること

ブラッシングは、皮膚の通気をよくするなどの効果があるので、毎日かかさず行いましょう。ブラッシングを怠ると、皮膚が蒸れて菌を溜める原因にもなります。

関節 レッグ・ペルテス病

症状

大腿骨が変形することで痛みが生じる

生後1年以内の成長期に多く発症する病気。遺伝性の可能性が高く、発症すると6～8週間かけて進行し、ひどくなると、足を引きずるようにして歩きます。

原因

大腿骨の一部が壊死

遺伝、栄養障害、ホルモンの影響、骨や関節の異常などが考えられるが、詳しい原因は不明。大腿骨の骨盤が接している骨頭が壊死することで起こります。

治療

手術後、リハビリで歩けるようにする

X線検査により診断。症状が軽い場合は、安静にさせ、サプリメントで様子を見ます。ひどい場合は、手術を行い、術後に回復プログラムを組んでリハビリを行います。

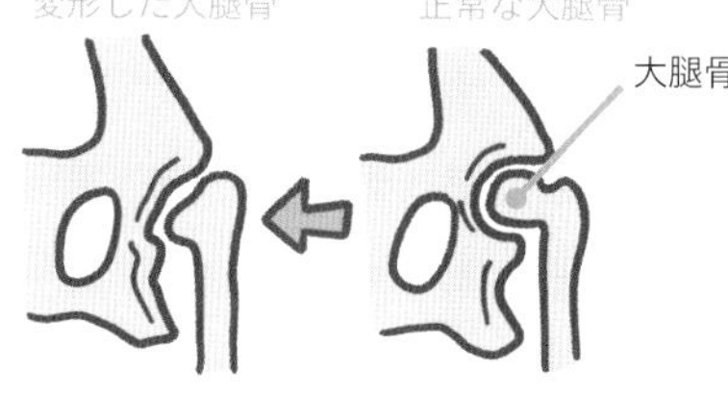

目　流涙症（涙やけ）

症状

涙と目やにで目頭が変色

涙が多く出て目頭の毛が茶色く変色します。特にホワイトやアプリコットなどの色の犬は変色が目立ちます。ひどい場合は湿疹や皮膚炎、まぶたが痙攣することも。

原因

涙の成分が毛を脱色

涙の過剰分泌は原因の特定が難しく、涙腺の炎症、眼球の病気、鼻涙管が狭いなどの原因が考えられます。ほかにはまつ毛の生え方などが関係することもあります。

治療

目のまわりを拭く

病気やまつ毛の生え方、鼻涙管の異常が原因の場合は獣医師と相談して治療します。予防は目のまわりを清潔にすることです。

→P.166 目のまわりのケア

耳　外耳炎

症状

足で耳の後ろをかく

足で耳をかく、床にこすりつけるなどの行動を起こします。耳の中は、はれやただれ、炎症が起き、これにより耳アカが増え、においを放つこともあります。

原因

たれ耳は原因菌の住みかになりやすい

外耳炎を起こす菌にとって、たれ耳に溜まった耳アカは絶好の住みかです。また、シャンプー後の乾燥不足、アレルギー、ホルモン異常などがかゆみを起こすこともあります。

治療

耳の中を清潔に保ち乾燥させる

トイプーの耳の中の毛を抜いてから、耳アカを取る手入れが一番の予防法です。

→P.165 耳そうじ

脳　てんかん

症状

四肢を硬直させて泡を吹いて意識不明に

急に意識をなくし、泡を吹いて痙攣発作を起こします。数分後には元に戻るが、挙動不審になる、口をもぐもぐさせる、一点を見つめるなどの前兆行動があります。発作後は水や食事量の摂取が増えることも。

治療

抗てんかん薬で治療する

完治治療は難しいとされるが、とにかく獣医師の診断を。症状によっては、抗てんかん薬を処方されます。

原因

原因不明の場合が多い

てんかんは「突発性」と「症候性」に分類されています。原因は不明で遺伝性と考えられており、生後6か月齢から3歳くらいまでに起こります。一方、原因がわかっているものを「症候性てんかん」といいます。

生殖器

♀ 子宮蓄膿症

多飲、多尿、おりものに注意！

外陰部から子宮内に細菌が入り、感染症を起こし、水を多量に摂取して、尿が多くなります。子宮内にウミが溜まると腹部が膨れ、食欲が落ち、発熱などが起こし、ウミのようなおりものを出すことも。命を落とすこともあるので、不妊手術をしていない、出産経験がない犬にこの症状が見られたら、すぐに病院へ連れて行きましょう。繁殖を望まない場合は、不妊手術をおすすめします。

♂ 停留睾丸

睾丸が下りてこない

生後間もなく、睾丸はおなかの中にあり、成長とともに陰嚢内に収まります。停留睾丸は、足の付け根で睾丸が止まる、またはおなかの中に収まったままになり、生殖機能が失われることもあります。しかし、片方だけでも陰嚢内にあれば繁殖できる可能性はあるが、交配は慎重に行いましょう。また、睾丸腫瘍になるリスクも高いので、病院での検査が必要です。繁殖を望まない場合は、去勢手術をおすすめします。

家庭犬全般に起こりやすい病気

心臓　僧帽弁閉鎖不全症

症状

老化に伴い起こる心臓病

小型犬の心臓病でよく起こりやすい病。初期症状は心臓の雑音が聞こえる程度だが、病気が進行すると、せきが出始めます。さらに進行すると、散歩を嫌がる、途中で立ち止まることが増え、最悪の場合は倒れることもあります。

原因

僧帽弁の変性により血液が逆流する

原因は解明されていないが、僧帽弁が加齢とともに脆くなり、繊維化することで血液が送れなくなと考えられています。弁の変性の原因は、口内炎、歯周病などの細菌感染も間接的な原因と考えられます。進行し、心不全を起こすと命に関わります。

治療

検査を重ねて薬を処方する

X線、心電図、エコー検査などを行って診断し、治療方針を決めます。完治は困難だが、進行状況によって血管拡張剤などが処方されます。早期発見と日常の口のケア、犬の体重管理が重要。

心臓が拡張したとき

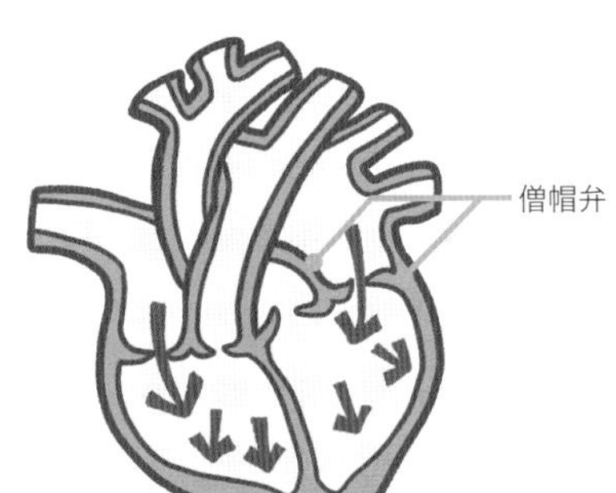

心臓が収縮したとき

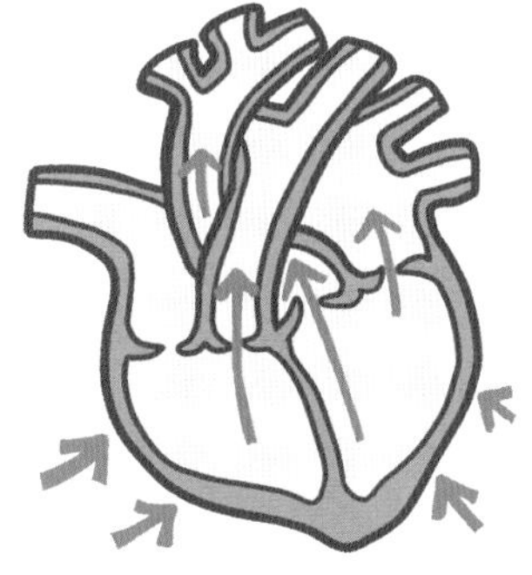

僧帽弁が閉じないので、血液が逆流します。

歯　歯周病

症状

歯の汚れの蓄積で炎症が起こる

歯に蓄積した食べ物のカスが歯垢や歯石となり、歯肉に炎症を起こします。歯列が乱れている犬は、歯周病になりやすいので、検診が必須です。

治療

原因となる歯垢や歯石を取り除く

歯垢や歯石を取り除きます。炎症がひどい場合は、全身に麻酔をかけ、ウミを取り除き、抗生物質の投与を行います。抜歯することもあります。

予防

子犬のころから歯みがきの習慣を！

歯の病気は突然なるものではなく、成長とともに食べかすが蓄積されることで起こるので、子犬のころからのケアがとても大切です。

歯周病の進み方

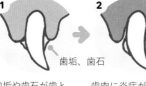

1

歯垢、歯石

歯垢や歯石が歯と歯肉の隙間に溜まります。

2

炎症

歯肉に炎症が起こります。

3

ウミ

歯の根本にウミが溜まります。

4

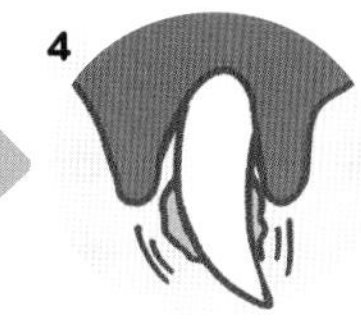

ウミが出て、歯と歯茎の間に溝ができて歯がグラつきます。

腰　椎間板ヘルニア

症状

椎間板の損傷で神経が圧迫される

椎間板が損傷し、中にある髄核組織が外に飛び出し、神経を圧迫することで痛みが生じます。これにより、腰を触ると痛がる、不自然な歩行、動きたがらないなどの行動を起こすようになります。

原因

外的・内的要因や老化などで起こる

椎間板に異常が起こるのは、事故などの外部からの衝撃や、肥満などによる腰への負担の増加、高齢化による、椎間板組織の老化などが原因で起こります。

予防

飼育環境を整えて発症リスクを軽減

フローリングには絨毯やマットを敷く、階段や段差は抱っこして移動させるなど、トイプーの足腰に負担がかかりにくい環境をつくりましょう。また、適正な体重管理を行い、肥満にも注意しましょう。

目　白内障

症状

目が白濁し、失明してしまうことも

目の水晶体の一部や全体が白く濁った状態。瞳孔が常に開いている、物にぶつかる、壁づたいに歩くなどの行動をするようになります。

原因

遺伝や糖尿病、ほかの眼病により起こる

水晶体での糖代謝により糖尿病で白内障を起こすことがわかっています。また、遺伝的なことや、ほかの目の病気が原因で症状を発症することもあります。

治療

手術療法で治療

点眼薬で治療し病気の進行を遅らせるが、これだけでは完治はしません。完治させるには眼科専門医による手術が必要。しかし、動物の眼科専門医は数が少ないことが現状です。

結膜炎

症状

白目が赤くなりこすることでまぶたがはれる

結膜炎は、目だけに原因がある場合と、全身に起こったなんらかの病気のためになる場合があります。目にかゆみが生じ、まぶたをこすることで症状が悪化します。

原因

両目に症状がある場合は原因はアレルギーが多い

シャンプーした後になることや、ウイルスや細菌、薬品など結膜炎になる原因はさまざま。アレルギーで起こることも多く、この場合は両目が充血します。

治療

目をこすらないようにさせる

治療は点眼薬で行うが、その前に悪化させない措置をとります。足で目をかく場合は、エリザベスカラーをつけます。

眼瞼内反症

症状

**まぶたが内側に巻き込まれ
目に炎症を起こす**

まぶたが内側にめくれることで、まつ毛が角膜や結膜に刺激を与え、結膜炎や角膜炎を起こし、目にかゆみや痛みが生じます。

原因

**遺伝性のものから
後天性のものまである**

大半は先天性のもので、遺伝的要因が強いです。後天性の場合は、犬同士のケンカで負った外傷によるものや、細菌やカビ、ウイルスなどの感染症によるものがあります。

治療

**原因によって
治療法はさまざま**

先天性の場合は、定期的な獣医師の診察が必要です。目の病気が原因の場合は、元の病気を治療するか、手術をします。飼い主は、犬に目をかかせないように努めましょう。

気管　気管虚脱

症状

**あひるのように動き回り
ガーガーと鳴き声を上げる**

運動後、乾いたせきやガーガー、ヒューヒューとあひるのような鳴き方をします。症状が進行するとよだれが垂れ、悪化するとチアノーゼを起こして倒れることも。

原因

**気管内の軟骨が
一部つぶれている**

気管の一部がつぶれ、空気の通り道が狭くなり、異常なせきをします。この症状は頸部と胸部に分類され、梅雨から真夏の暑い時期に発症が多くなります。

治療

犬の体重管理が第一の予防

一度症状が出ると再発をくり返します。X線検査で病状を確認し、内科的療法を施します。家では興奮させないように心がけ、涼しい場所にいさせることもポイント。肥満になると重症化し、治療が困難になるので、肥満にならないように注意しましょう。

足　前肢の骨折

症状

**激しい痛みで
足を浮かせて歩く**

トイプーは足の骨が弱いので飛び降りたときの衝撃を真っ先に受け止める前足は折れやすいです。足が折れるとかばうように前足を浮かせて歩くようになります。

原因

**前足で衝撃を
受け止めたため**

運動神経がいいため、ジャンプは得意だが、四肢の骨は衝撃に弱いです。飛び降りで折れるケースが多いが、飼い主が抱っこの際に落とすなどの事故もあります。

治療

**手術を行い
入院治療をする**

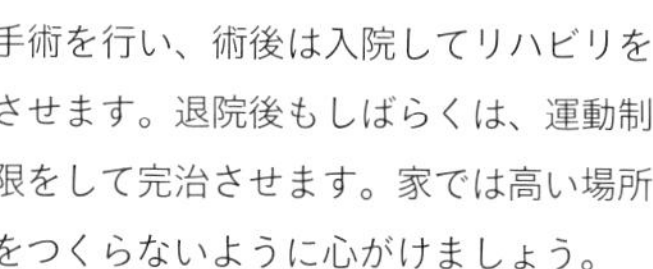

手術を行い、術後は入院してリハビリをさせます。退院後もしばらくは、運動制限をして完治させます。家では高い場所をつくらないように心がけましょう。

関節　股関節脱臼

症状

**後ろ足を上げ
引きずって歩く**

股関節に力が加わり、大腿骨が外れてしまいます。脱臼すると、直後から後ろ足を上げて歩く、引きずるなど歩き方に異変が起きます。

原因

**外部からの強い
衝撃が主な原因**

落下や事故など外から力が加わり脱臼を起こします。トイプーは股関節の可動域が広く、二足歩行もできるが脱臼の原因となるので、二足歩行はさせないようにしましょう。

治療

全身麻酔をかけて元の位置に戻す

全身麻酔をかけて、外れた大腿骨を元の位置に戻します。それが難しい場合は、切開手術を行います。家ではフローリングで滑らないように敷物を敷きましょう。

肛門　肛門嚢(腺)炎

症状

肛門を床になするように歩く

肛門に炎症を起こす病気。肛門部をなめまわしたり、床になすりつけるように歩きます。炎症を放置すると肛門嚢内にウミが溜まり、発熱や食欲低下の症状がでます。

原因

分泌物の滞留などによる細菌感染

肛門括約筋が低い犬は、肛門嚢を絞る力が弱く、分泌物を溜めやすくなります。分泌物が溜まると、肛門嚢内の導管や開口部が詰まり、炎症を引き起こします。

治療

肛門嚢を絞って洗浄し抗生剤を投与

まず、溜まった分泌物を排出し、患部を洗浄して抗生剤を使って炎症を鎮めます。予防方法は、トリミングサロンや自宅で肛門のケアを定期的に行うことです。

老犬のガン

高齢犬のガンに注意する

トイプーはあまりガンを発症しにくいですが、ガンになることもあります。特に8歳過ぎの犬を飼っている場合は、定期的なガン検診に行きましょう。

メスは乳ガン オスは精巣ガン

メスは乳ガン（乳腺腫瘍）、オスは精巣ガン（睾丸ガン）を起こしやすくなるので、不妊や去勢手術をしておくことがおすすめです。

7歳を過ぎたら定期検診を

小型犬の7歳は、人間の年齢に換算すると40歳代後半ぐらいで、細胞の老化が臓器に影響を与えるので、7歳過ぎから健康診断を定期的にすると早期発見につながります。

看護と応急手当のやり方を知ろう！

薬の飲ませ方

粉薬

粉薬は、フードに混ぜて飲ませます。うまくいかない場合は、クリームチーズなど、ペースト状で塩分が少ないものに混ぜて与えてみましょう。

水薬

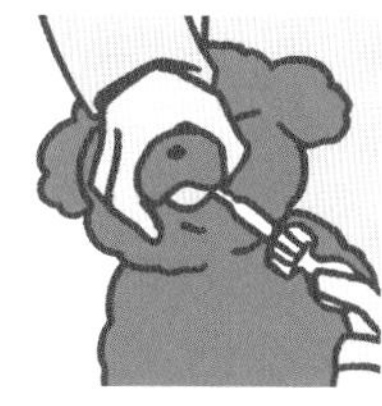

スポイトを使って飲ませます。鼻先を上に向け、口の端に指をかけ、上唇をめくり、犬歯の噛み合わせの隙間から、舌の動きに合わせてゆっくり注入します。

錠剤・カプセル

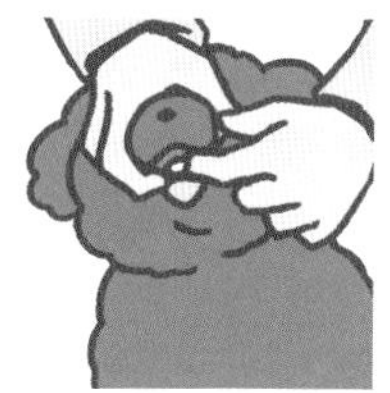

鼻先を上に向け、口を大きく開けさせて素早く奥歯から喉の間に入れ、喉をさすります。舌を数回出したら飲んだ合図。ほしがるようなら水を与えます。

目薬の差し方

左手であごを固定し、犬の頭を上に向け、背後から右手に持った点眼器を近づけ、点眼します。点眼後は手で犬のまぶたを2〜3回閉じさせ、目薬をなじませます。

飲み薬や目薬はいきなりやってもうまくいかないことが多いので、子犬のころから口を開けさせる、顔を触らせてもらえるように慣らしましょう。

→P.076 マズルに触れられることに慣らす

→P.077 口を開けられることに慣らす

→P.077 口の中に指が入ることに慣らす

応急処置をして病院へ行く

中毒・誤飲

静かに早急に病院へ運ぶ

病院に連れて行くが、なるべく動かさないように運びます。吐かせてはいけない場合もあるので、まずは動かさずに動物病院へ連絡し、指示を仰ぎましょう。

ほかの犬に咬まれた

傷口を洗い流す

傷口を確認し、水道水でよく洗い流します。出血していたら、5分ほど圧迫して止血し、血が止まったら包帯を巻きます。処置をしたら、必ずすぐに病院へ行きましょう。

熱中症・日射病

とにかく体の熱を冷ます

涼しい場所に移動させ、水をかけるか、濡れタオルを被せて身体を冷やします。ぐったりしている場合は、脇の下に冷たいペットボトルをあてましょう。処置をしながら、病院へ連絡して指示を仰ぎます。

やけど

冷水で20分ほど冷やし動物病院へ運ぶ

熱湯によるやけどはとにかく冷やします。冷水や氷などで最低20分は冷やしましょう。薬品などのやけどは、患部を洗い流します。人もゴム手袋などを着用し、処置をしながら動物病院へ連絡して指示を仰ぎましょう。

トイプーさんたち

OTHERS
川原 クッキーちゃん

OTHERS
水木 むぎちゃん

OTHERS
きびちゃん

OTHERS
プースケくん

GINくん／FUJIちゃん

konaくん

諭吉くん

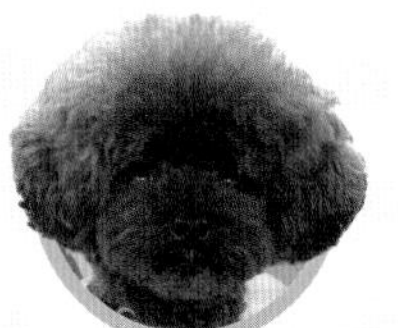

シュシュちゃん

ちゃいちゃん

宝助くん

てんくん

MOGくん

はなちゃん

ししまるくん

ころっけくん

Thank you!

協力してくれた

COVER & OTHERS
宇野 トロちゃん

OTHERS
宇野 Emmaちゃん

OTHERS
鈴木 碧ちゃん

ペスくん

みぃちゃん／きぃちゃん

シェリちゃん

ミントくん／コロネくん／モナちゃん

れいあくん／ももたくん／ここあくん

れおくん

ロッタちゃん

小麦くん

ここあちゃん

レオくん

レニちゃん

ふくくん

監修　西川文二（にしかわ　ぶんじ）

Can！Do！Pet Dog School主宰。公益社団法人 日本動物病院協会認定 家庭犬しつけインストラクター。早稲田大学理工学部卒業後、コピーライターとして博報堂に10年間勤務。1999年、科学的な理論に基づくトレーニング法を取り入れた、家庭犬のためのしつけ方教室Can！Do！Pet Dog Schoolを設立。著書に『子犬の育て方・しつけ』（新星出版社）、『うまくいくイヌのしつけの科学』『しぐさでわかるイヌ語大百科』（ともにソフトバンククリエイティブ）、監修書に『はじめよう！柴犬ぐらし』（西東社）など。雑誌『いぬのきもち』（ベネッセコーポレーション）登場回数最多監修者（創刊10周年時）。
https://cando4115.com/

マンガ・イラスト　道雪　葵（みちゆき　あおい）

千葉県出身のマンガ家。Twitter、ピクシブエッセイにて愛犬との生活を描いた実録マンガを公開中。著書や共著に、『うちのトイプーがアイドルすぎる。』1〜3巻（KADOKAWA）、『いぬほん 犬のほんねがわかる本』（西東社）などがある。

STAFF

編集　松本裕の（株式会社スタジオポルト）
執筆　井村幸六（株式会社ケイアシスト）／富田園子
カバー・本文デザイン　室田潤（細山田デザイン事務所）、横村葵
DTP　株式会社センターメディア
撮影　横山君絵
写真　Getty Images、Photo AC

SPECIAL THANKS　江本優貴（えもと　ゆき）

都内のペットサロンでトリマーとして勤めながら、TCA東京ECO動物海洋専門学校でトリミングやグルーミングなどの演習を非常勤講師として担当している。

TCA東京ECO動物海洋専門学校
〒134-0088
東京都江戸川区西葛西6丁目29-9

はじめよう！トイプーぐらし

2021年3月15日発行　第1版

監修者　西川文二
発行者　若松和紀
発行所　株式会社 西東社
〒113-0034　東京都文京区湯島2-3-13
https://www.seitosha.co.jp/
電話　03-5800-3120（代）
※本書に記載のない内容のご質問や著者等の連絡先につきましては、お答えできかねます。

ISBN 978-4-7916-2998-5